拍好短视频，
一部手机就够了

策划＋拍摄＋剪辑＋运营

卷毛佟 著

人民邮电出版社
北京

图书在版编目（CIP）数据

拍好短视频，一部手机就够了：策划+拍摄+剪辑+运营 / 卷毛佟著. -- 北京：人民邮电出版社，2020.11
ISBN 978-7-115-54740-8

Ⅰ．①拍… Ⅱ．①卷… Ⅲ．①移动电话机－摄影技术 Ⅳ．①TN929.53②J41

中国版本图书馆CIP数据核字（2020）第160445号

内 容 提 要

　　用手机拍摄和分享短视频已经成为很多人生活中必不可少的一部分，但如何拍出好玩有趣的短视频，仍然是许多人面临的问题。卷毛佟是近年来从网络中涌现出的优秀手机摄影师，本书是他悉心总结的手机短视频教程。本书共分为6章，分别讲解了手机的视频拍摄功能、手机拍摄短视频的辅助工具、简单易操作的手机拍摄技巧、运用手机进行短视频后期制作的方法、不同场景的手机拍摄思路以及短视频的运营技巧，旨在帮助手机短视频爱好者学习如何策划短视频、运用手机拍摄并剪辑短视频。

◆ 著　　　　卷毛佟
　　责任编辑　宋媛媛
　　责任印制　周昇亮

◆ 人民邮电出版社出版发行　　北京市丰台区成寿寺路 11 号
　　邮编　100164　电子邮件　315@ptpress.com.cn
　　网址　https://www.ptpress.com.cn
　　北京宝隆世纪印刷有限公司印刷

◆ 开本：690×970　1/16
　　印张：11　　　　　　　　　2020 年 11 月第 1 版
　　字数：265 千字　　　　　　2025 年 5 月北京第 15 次印刷

定价：79.00 元

读者服务热线：(010)81055296　印装质量热线：(010)81055316
反盗版热线：(010)81055315

（本书图片除特别标注外，均为作者卷毛佟所提供。）

序
Preface

如何用一部手机，记录如此精彩的世界

在5G时代，如果说自己还不会拍短视频，似乎有点跟不上时代了。2018年，短视频爆发，经过2年多的发展，短视频已经成为重要的信息传播展示形式，而且逐渐成为我们日常阅读最多的内容载体之一。短视频内容丰富，观赏效果佳，可以通过声音画面同步传输信息。但是，现在仅仅看短视频已经不能满足我们的需求了，这个社会似乎在奖励会拍短视频的人。

短视频让很多普通人一夜成为"网红"，让很多短视频达人获得了更多的关注和认可，短视频创作者似乎成为一个炙手可热的"职业"，这也就促使很多人希望能用

短视频的方式记录生活、展示自我。

几年前，如果让一个人去拍一个视频，相信多数人的回答都会是"那是专业人做的事情，我又不会拍，又不会剪辑"。这种观念正是来自我们对视频行业的早期认知，专业的技能、昂贵的设备，让很多人对拍视频望而却步。但是时代进步了，现在，拍视频已经不再是专业人士才能做的事情了。现在只需要一部手机，我们就可以完成视频的拍摄、剪辑、发布、传播。

我在2018年开通了抖音账号"卷毛佟"，一年的时间制作发布了200多个短视频，而这些短视频全部只用1部手机完成。在抖音平台上，我获得了400万"粉丝"的关注，一个视频的最高播放量近5000万，获得了100万点赞，涨"粉"120万人。随之而来的就是大量的咨询，"佟老师，手机如何拍出好看的短视频？""如何用手机拍出高清的短视频？""用手机能剪辑短视频吗？"这一系列的问题让我关注到如何从一个创作者转型为一个知识普及者。于是我经过半年的打磨，把自己的拍摄、剪辑经验和技巧制作成网络课程，通过系统的培训，让更多人学习用简单的方式、简单的设备，制作出优质的短视频。

从线上课程，到线下课程，再到各种企业、景区都来请我培训，他们希望每一位员工都能成为品牌的传播者，通过短视频的方式让更多人知道自己的产品，知道自己景区的特色。在培训的过程中，我遇到过很多不同身份的学习者，从一线的保洁员、保安，到管理几百人的企业管理者，都在兴致勃勃地学习、练习。我很感动，我觉得通过自己的分享，能够让更多的人去记录生活中美好的点滴，去传播正能量，看到他们用着普通的手机，拍摄出令人满意的短视频，脸上露出开心的笑容，我感到很欣慰、很自豪。

　　我还通过短视频的方式，帮助很多贫困地区做宣传。记得在河南栾川的拔云岭，有一个小山村，这里曾经非常贫困，连路都不通。村支书带领村子里的人到大山外去学习手擀面的手艺，回到村里打造自己的特色。我在抖音发布了一个手擀面的短视频后，获得了1000多万次的播放量，约10万的点赞。国庆节期间，拔云岭周围很多看到这个短视频的人都专门驱车前往，就是为了去尝尝当地的手擀面。后来我才知道，国庆节期间，拔云岭的一家农户，靠15元一碗的面条，收入了2万多元。这就是短

视频的力量。

我的身份是手机摄影师,旅行博主。但是,我更希望做一名生活美学的传播者。我的第一本书《拿起手机,人人都是摄影师》,是教大家如何用手机把普通的生活拍出诗意。这是我的第二本书,我希望让更多热爱生活的人,用手机拍出优质的短视频,记录多姿多彩的生活。

我们都说"机会是留给有准备的人的"。短视频时代已经到来,你如果还不会拍短视频,那机会就会去眷顾已经准备好的人。如果用一部手机就能记录精彩的世界,你,准备好了吗?

我写这本书,历时5个月,一直在思考如何把复杂的专业术语,用最落地、最简单的方式来表达,让更多零基础的爱好者也能看得懂、学得会。技术决定下限,审美决定上限,其实技术不难学会,难的是你要知道什么是好,什么是不好。本书从策划,到拍摄,到剪辑,采用保姆式的教学方式,手把手教你如何拍摄、如何剪辑。书中还搭配了短视频实景教学,图文搭配视频,让你快速掌握拍摄技巧。把别人的知识转变成自己的技能,唯有通过实操实践,才能真正地掌握。

如果你此刻握着手机,已经迫不及待地想要拍摄了,那就跟着我一起来学习吧。

目录
Contents

第五章

从策划到拍摄，不同场景应该如何拍

第六章

短视频运营技巧，从小白到高手

第一章

玩转手机视频 Chapter
拍摄功能 One

手机自带的视频拍摄功能，
你都了解吗？

手机拍摄功能越来越丰富，但是更多的功能都集中于拍照，视频拍摄功能并不是很多。但手机不停地升级和优化，就没有在视频拍摄功能上下功夫吗？

其实并不是这样的，现在的手机最常规的3种视频拍摄功能分别是"视频""慢动作""延时摄影"。无论是苹果手机还是安卓手机，都会有这3种功能。虽然只有3种功能，但是我问过很多人，大多数人都不会用到，最多使用的就是"视频"功能。个别的安卓手机，会有趣味小视频拍摄功能，但并不是标配功能。

手机不断地升级，在视频拍摄功能上都有哪些提升呢？

第一个最直观的就是像素的提升，从720P到1080P，再到4K，包括多个摄像头的像素提升。现在的手机都配备2~4个摄像头，每个摄像头的功能不同，比如广角镜头、超广角镜头、人像镜头等。它们的像素也都不一样，比如安卓手机不同镜头拍摄的视频，像素就不同；苹果手机从11代开始，其3个后置摄像头及前置摄像头都可以用来拍摄4K视频。这是在性能参数上的优化。

第二个提升点是在视频防抖效果上的提升。随着短视频行业的发展，人们不仅喜欢看短视频，更希望能够拍短视频，而且现在短视频也成为我们记录日常最常见的一种方式。短视频能够更好地记录、还原场景，提升观感和代入感，所以拍出一个质量过关的短视频，成为很多人的日常生活、工作需求。

但是当我们拍视频的时候，都会遇到一个严重的问题，就是"抖"。因为拍视频不同于拍照，拍照是按下快门，瞬间定格。拍视频需要更长时间，所以如果拍摄者边拍边移动。就会造成视频抖动。因为大部分视频是在手机里观看，屏幕很小，所以视频很"抖"，看起来就会降低观感，使人头晕。

大部分人是没有经过系统学习和练习的，在拍摄的时候无法使画面保持平稳，所以手机厂商升级了相机的性能，增加了"防抖"功能。比如苹果手机，有内置的防抖技术，即使边走边拍，画面依然会很平稳。某些安卓手机也会在防抖技术上做很多的提升，有的是内置自动防抖功能，有的则需要手动开启"防抖"功能。

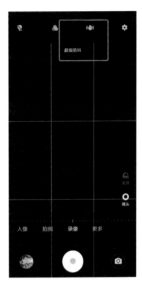

第三个提升点就是视频多镜头拍摄的统一性。因为现在的手机大都是多镜头组合，每个镜头有不同的特点和功能，所以经常会出现一个问题，就是不同镜头拍出来的视频效果不同，比如颜色不同、亮度不同或者清晰度不同手机厂商也在不断优化这方面的性能，在这点上苹果手机做得很不错。iPhone 11系列首次推出3个摄像头的机型，当拍摄视频的时候，切换不同的摄像头，对视频的成片效果并不会产生影响。

苹果手机拍摄功能介绍

苹果手机一直以设计简洁、功能简单著称，所以在各种品牌的手机里，苹果手机的拍摄功能也是最少、最简化的。打开苹果手机的相机，在屏幕下方功能区的左边，分别是"延时摄影""慢动作""视频"。屏幕正上方的数字是拍摄计时器，开始拍摄视频的时候，它会开始记录拍摄时长。屏幕左上角的黄色圆底闪电图标，代表补光灯，点开之后，手机自动识别光线不足的环境，会自动进行补光。屏幕右上角是分辨率和帧数，分辨率越高，拍摄的视频越清晰。点击屏幕右上角数字的位置，可以选择使用不同的帧数（仅针对iPhone 11及以后的机型）。关于分辨率和帧数的具体介绍，我们会在下一节中讲到。

"视频"是以正常速度拍摄视频，点击红色的快门可以直接开始拍摄。在拍摄的过程中，可以点击屏幕调整画面焦点的位置，焦点就是画面中最清晰的位置；还可以通过上下滑动焦点旁白的小太阳来改变画面的曝光度，向上滑动，屏幕越来越亮，向下滑动，屏幕越来越暗。

拍摄的过程中,可以随时调整快门上方的数字,进行变焦,改变拍摄取景范围。不过因为目前手机毕竟还无法跟相机相提并论,无法实现物理变焦,光学变焦多多少少会有损画质,所以在拍摄视频的时候,尽量不要变焦或者少变焦。

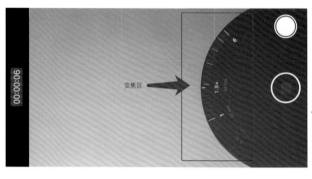

此界面是iPhone11Pro版本的功能界面。如果你的苹果手机是单摄像头的(比如iPhone 7、iPhone 8以及以前的机型),需要变焦时,请在拍摄的时候,通过双指在屏幕上进行放大、缩小操作来改变焦距。但是依然不建议这样做,因为这会影响画质。

如果要拍摄远距离的物体,可以尝试走近一点儿拍摄,或者使用外置的手机长焦摄像头,这样才能保证视频画面的清晰度。

"慢动作"是指拍摄的视频会自动放慢速度,拍摄方法与正常拍摄视频一样。如果选择120fps,视频时长会是实际拍摄时间的4倍,比如用120fps的慢动作拍摄10秒,拍出来的视频时长是40秒。如果选择240fps,视频时长会是实际拍摄时间的8倍,比如拍摄10秒,拍出来的视频时长是80秒。

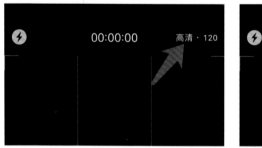
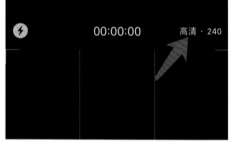

"延时摄影"跟慢动作刚好相反,慢动作是把视频速度放慢,延时摄影是把视频速度加快。延时摄影拍摄速度是正常拍摄视频时的15倍,比如拍摄1分钟,最终得到的视频时长是4秒。延时摄影的倍数是固定的,分辨率和帧数也是固定的,所以无法调整加快倍数。对焦和调整曝光度的方法与正常拍摄视频是一样的。

　　苹果手机升级为iOS13系统以后，针对手机拍摄的视频，增加了后期编辑、剪辑功能。在早期的版本中，苹果手机自带的功能只能对照片进行后期编辑，无法对视频进行编辑，但是iOS13系统之后，所有的后期编辑功能，可以同步使用在照片和视频中。这个功能的好处就是，让我们在不下载使用第三方App的情况下，也能轻松地进行视频的剪辑，但是这个功能只针对基础的剪辑、调色、二次构图，以及一些细节的参数调整，无法给视频增加更多的附加效果，比如音乐、字幕、特效等。

安卓手机拍摄功能介绍

　　安卓手机因为品牌众多，导致拍摄功能上会有所差异，但是差异并不会太大。在使用安卓手机进行拍摄的过程中，我们都可以快速掌握使用方法。

以华为手机为例（此型号为华为P30Pro），这张图为相机界面，图中用红框标记的功能都跟拍摄视频相关。其中"录像""慢动作""延时摄影"与苹果手机的拍摄功能相同，但华为手机会有更多的参数调整。

录像页面有很多的操作功能。左侧第一个是"设置"功能，在里面可以选择不同的分辨率，开启网格线、水平线、选择不同的拍照方式等。左侧第二个为"滤镜"功能，在这里可以直接选择视频拍摄的色彩风格，比如黑白、蓝调、怀旧、人像等不同的风格和模式，选择后可以直接使用。左侧第三个为"闪光灯"功能，在这里可以选择关闭或者常亮模式。画面下方为变焦模式，此款手机最大支持15倍变焦，拍摄的时候，滑动屏幕下方数字即可实现变焦。屏幕右侧还有人像美颜功能，在这里可以调整美颜的级别，一共10个级别。在拍摄界面依然可以对焦和调整曝光度，操作方法与苹果手机相似。

在屏幕中间会有一比网格线略粗一些的条横线，这条线叫"水平线"（可在左上角"设置"功能中打开）。在使用手机拍摄视频的时候，水平线起到参考作用，保证画面的水平，因为把视频拍正很重要，不能出现重心不稳、左右摇摆的情况。所以当你拍摄的时候，水平线倾斜了，就证明你的手机摆放不正，特别是在拍摄有清晰的水平线条或者竖直线条的场景时，比如海平面、地平线或者笔直的高大建筑、树木等。

"慢动作"华为P30 Pro可以选择慢动作的倍数，有120fps的4倍，240fps的8倍，还有960fps的32倍。选择4或8倍速率拍摄，时长不受限制。

如果选择32倍速率拍摄，只能拍摄出10秒钟成片视频，拍摄时间则非常短，还不到1秒钟。所以拍摄的时候要选好场景再拍。在屏幕上方，有一个由3个圆点组成的图标，点击之后会显示"运动侦测已开启"，表示能开启了自动拍摄。在屏幕的中间有一个方框，用于对准拍摄物体。如果在屏幕中间的这个方框区域内有移动物体经过，手机就会自动拍摄生成视频。

"延时摄影"并没有太多的操作功能，只可以变焦和选择滤镜，滤镜一共有3款，但随着系统的升级会有细微的变化，使用方法都一样，并不会影响日常拍摄。

"录像""慢动作""延时摄影"这些功能每个手机都不会有太大的差别。华为P30 Pro有一个独特的功能叫"趣AR"，是一个趣味拍摄功能，结合AR技术，实现一些虚拟场景和形象的拍摄。打开拍摄界面，有两个选项可以选择。

第一个选项是"3D Qmoji"，可以选择自己喜欢的卡通头像，制作有趣的短视频，卡通头像的表情会跟你的表情同步。点击屏幕上方"GIF"字样可以选择制作动画表情包。

第二个选项叫作"手势特效"，在拍摄的时候，根据屏幕上的提醒，使用不同手势，屏幕上会出现不同的特效。有心形、雨雪和雷电等效果。

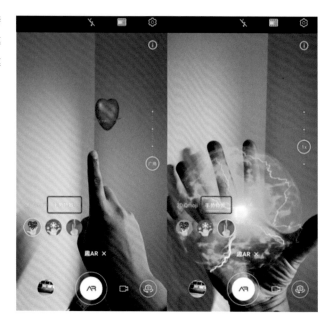

在华为P30 Pro里，有一个独有的特殊功能叫"双景录像"，这是第一款拥有双镜头同时录像功能的手机。在拍摄的时候，它可以在同一个屏幕里，启动两个镜头同时录像。右侧为正常视角拍摄，左侧为特写拍摄，倍数可以选择2倍、3倍、5倍，既增加了拍摄视频的趣味性，也使画面拍摄得更加丰富。

华为手机和华为荣耀手机基本功能差别不大，所以前文所讲的拍摄功能，也基本适用于其他型号的华为手机或者华为荣耀手机。

在视频剪辑方面,安卓手机暂时都只能完成简单的操作,比如华为P30 Pro只能选择视频分辨率和裁剪视频时长,除此之外并无其他功能。

再来看另外一款手机vivo X30 Pro,vivo也是市场占有率很高的品牌。这款手机有一些特殊的功能,下面给大家介绍一下,如果大家遇到类似的功能,就知道如何使用了。

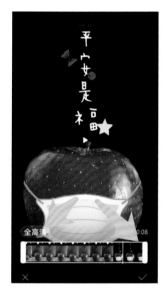

在vivo X30 Pro的视频拍摄界面,上侧工具栏从左向右依次为"补光灯""滤镜""防抖""设置"在屏幕右下角分别有"美颜"及"超广角"选项。拍摄视频可以选择最大15倍变焦,也可以选择超广角,拍摄更广的场景。

"美颜"功能里有很多的选项可以手动选择,如果是拍摄人物视频,可以通过美颜功能进行人物面部重新塑造,比如肤色、胖瘦、脸型、五官形态等。但是使用美颜功能拍摄人物视频时,尽量不要拍摄特别复杂的场景或者剧情,如果人在画面中不断移动、转身、低头等情况,每次正对人脸的时候,手机都要重新识别,那么人的脸在画面中就会一直变化不停,不好看,也容易穿帮。而且在使用美颜功能的时候,各种数值适量即可,不要开到最大级别,否则画面会失真,效果会打折扣,画面也并不会变得更好看。无论什么品牌的手机,使用美颜功能后,都会对画质产生影响。

vivo X30 Pro有一个特殊的功能叫"AI人眼追焦",打开相机,点击右上角的设置,可以选择是否开启人眼追焦,以及自动对焦还是对焦在某一只眼睛上。AI人眼追焦的好处是能帮我们在拍摄的时候保证画面的清晰度,以及焦点准确。

　　vivo X30 Pro的"延时摄影"功能,是可以手动选择视频加快倍数的,而且针对不同场景给出了选择倍数的建议。比如拍摄车流、人群、日出日落、移动的云彩,或者星空。因为场景不同,选择不同的倍数,拍出来的效果会更有针对性。关于延时摄影的注意事项,我们会在后面的章节中详细讲到。

　　点开"更多",可以看到在更多功能里有一个"AR萌拍",它可以利用手机自带的卡通道具,结合人像合成卡通效果,可以拍照片,也可以拍视频。这个功能在很多手机里都有,这也是非常流行的一种短视频形式,比较适合女生或者孩子拍摄可爱风格的视频。

　　关于手机拍摄视频的主要功能,已经给大家详细地介绍了具体的使用方法和效果,手机型号很多,但拍摄功能差别不大。有句话叫"工欲善其事,必先利其器",所以在拍摄之前,我们要先了解自己的手机有哪些功能,能实现哪些效果,这样才能在拍摄的时候,起到锦上添花的作用;否则,拿着最新款的手机,却用着最原始的功能,就不能展示设备的优势了。

如何设置参数才能
拍出高清视频

我经常会被问到："为什么我拍的视频总是不清楚，是不是手机太便宜了？"其实并不是这样的。现在的手机分辨率越来越高，像素也越来越高，只是很多人不会正确使用。不同手机之间的功能差异其实不是特别大，但是不同的人对手机功能的理解和应用却差得非常多。

有的人用着最新款的手机，但是拍着最模糊的视频和照片。所以，当你拿起手机的时候，要先了解它有什么功能，虽然现在智能手机都是自动设置的，但是也要根据自己的需求进行一些手动参数的调整。保证视频清晰的最基本的一个要求就是设置好分辨率和帧数。

分辨率到底是什么意思

大家买手机的时候，会发现大部分品牌的广告都在强调自己的分辨率高/像素高。但是很多人并不知道这是什么意思。照片、视频要拍摄清楚有一个前提，就是设置好分辨率。

当把一张照片放大之后，你会发现，画面是由很多带有不同颜色的"小方块"组成的，这些小方块就是我们常说的"像素"，而画面中横向和纵向的像素值相乘就是分辨率。

分辨率可以从显示分辨率与图像分辨率两个方向来分类。

显示分辨率（也叫屏幕分辨率）是屏幕图像的精密度，是指显示器所能显示的像素有多少。由于屏幕上的点、线和面都是由像素组成的，显示器可显示的像素越多，画面就越精细，同样的屏幕区域内能显示的信息也越多。比如同样大小尺寸的手机，屏幕分辨率高的，在看视频的时候，画面就会更加细腻、更加流畅。因为分辨率高、像素高就可以展现更多的细节信息。

图像分辨率指图像中存储的信息量，是每英寸图像内有多少个像素点，分辨率的单位为PPI（Pixels Per Inch），通常叫作"像素每英寸"。每英寸里含有的像素点越多，那么画面呈现的效果就越细腻，且如果把照片或者视频放大、裁剪，也能得到相对清晰的画面效果。我们看下面两张对比图，就可以感受到不同分辨率的效果差异。

通过这个模拟图示可以看出，同样大小的尺寸内，每个"小方块"代表一个像素点。左图分辨率是9×9=81，画面由81个像素点组成。右图分辨率是17×17=289，画面由289个像素点组成。两个心形相比，右图中的心形的边缘更加平滑、细腻这就是分辨率和像素给画面带来的清晰度的差异。

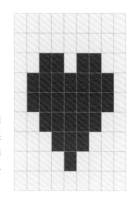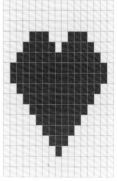

苹果手机拍摄视频的分辨率选项有720P、1080P、4K。如果选择1080P拍摄视频，那么画面上就会有1920×1080个像素点，大概是200多万像素；如果选择4K拍摄视频，那么画面上就会有4096×2160个像素点。在同一个手机上看两个不同的视频，4K拍摄的视频肯定更加清晰和细腻，细节更丰富，因为构成画面的像素点更多。所以我们记住，分辨率越高，视频就越清晰。但是分辨率越大，视频占用的手机内存自然就越多。要想让视频的清晰度高，前提是你有足够的空间去储存这些视频。

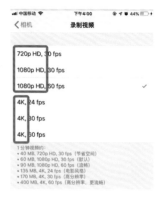

720P 1080P 4K

上面的图片是在同样的场景，用同样的手机，分别用720P、1080P和4K拍摄的3个视频的截图。可能从图片中看不出太大差别，但是放大图片后仔细看楼房边缘的细致程度，还是有很大差异的，如下面的图片所示。720P的图片没有1080P的图片清晰，1080P的图片没有4K的图片清晰，尤其是大屏幕上播放时，对比效果会比较明显。

720P 1080P 4K

如何选择拍摄分辨率

我们常见的分辨率一般有480P（标清）、720P（高清）、1080P（全高清）、4K（超高清）这4种。随着手机的配置越来越高，现在的手机拍摄视频最低的分辨率都是720P。在一些短视频App上，要求拍摄的视频分辨率也都是要高于720P。这样做是为了保证视频能够更加清晰，播放更加流畅，提高观看的视觉感受。

但是分辨率不同，视频占用的内存也不同，在网络中播放的时候，对网速的要求也不同。对于我们来说，应该如何选择分辨率呢？

720P是指高清效果，分辨率为1280×720。它是现在网络上最基本的拍摄分辨率，现在很少有手机会配置480P的分辨率选项了。使用该分辨率拍摄出来的视频不仅画面更加清晰、细腻，声音效果也更优，可以拍出立体声效果。

1080P是指全高清效果，分辨率为1920×1080。它的画面呈现质量更加优秀，清晰度、细腻程度变得更好。在手机内存允许的情况下，建议选择1080P分辨率进行拍摄。使用这个分辨率拍摄的视频，视觉和听觉效果更好。因为在上传至某些App，或者在后期剪辑的时候，视频会部分压缩，所以为了保证压缩后的画面依然清晰，1080P是性价比最高的选择。

4K是指超高清效果，分辨率为4096×2160，要比其他分辨率高出很多，虽然成像质量更加优质，但同时也会占用更多的手机内存。比如苹果手机采用1080P分辨率拍摄1分钟视频，最高占用90MB内存，使用4K分辨率拍摄1分钟视频，最高占用400MB内存。所以在拍摄的时候尽量不要选择4K分辨率，因为大部分的视频都是在手机上观看，使用4K分辨率拍摄的视频画质精细度在手机上也无法完全展示出来。

不同的手机如何选择分辨率？因为手机品牌、型号太多，所以我给大家总结了一个规律。苹果手机选择步骤：设置—相机—录制视频—选择分辨率。安卓手机的操作逻辑与苹果手机类似：打开相机—设置（左上角或右上角图标）—视频分辨率，或者直接在拍摄视频界面选择分辨率（如图中右侧OPPO手机）。

至于选择哪个分辨率,我们首推1080P。使用这个分辨率,我们可以保证拍摄的视频在任何平台上播放时,画面清晰、声音效果良好,而且对手机内存的占用也算合理。相比其他分辨率,1080P分辨率是普适的。

| 苹果 | 华为 | 努比亚 | OPPO |

帧数到底有什么用

先看一下右图,红色方框中的内容就代表帧数。经常有人问我,帧数是什么意思?那我们就先来看看帧数的概念。

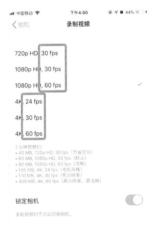

影片是由一张张连续的图片组成的,每张图片就是一帧。帧就是影像动画中最小单位的单幅影像画面,相当于电影胶片上的每一格镜头。一帧就是一幅静止的画面,连续的帧就形成了动画、视频等。我们通常说的帧数,就是在1秒钟时间里传输的图片的数量,通常用帧(Frames Per Second)表示。每一帧都是静止的图像,快速连续地显示帧,便形成了运动的假象。每秒钟帧数(fps)越多,所显示的动作就会越流畅,动作就会越逼真。

不知道大家小时候有没有玩过一个游戏,拿一个小本子在每一页画一个不同动作的小人,然后快速地翻,静止的画面就形成了连续动态的效果,这就是动画和视频的形成原理。比如上图中标记的30fps,就说明1秒钟能够连续播放30张静态的图片;60fps,说明1秒钟能够连续播放60张静态的图片。

为什么连续播放静态的图片，就会形成连续的动态效果呢？因为这是人类大脑的反应。当1秒钟内能够连续播放超过10张静止的图片，大脑就会判定它是一个连续的画面，所以早期的电影，标准帧数都是12fps。

后来，人们为了提高电影的逼真度和观看的舒适感，把电影的标准帧数由12fps改为24fps，这样拍出来的电影，在视觉效果上会更加逼真，动作会更加流畅。所以，现在电影的标准帧数就是24fps。

导演彼得·杰克逊在2011年的时候曾经说过："90多年来，我们一直采用24fps来拍摄和放映电影，不是因为它最好，而是因为它最便宜！采用48fps拍摄和放映的好处是，看起来画面上的速度还是正常的，但画面的流畅度和动作清晰度都大大增强了。你看24fps的电影也许觉得还行，但其实这样的影片中每一帧都会有模糊，尤其是在快速运动的镜头中。如果电影镜头快速摇移，图像就会有抖动、顿挫或者闪烁。"

所以他用48fps拍摄了《霍比特人》，但是看了48fps版的电影后，部分观众抱怨道："太没有电影感了。"但他们很多人也承认，这的确比24fps的电影看起来更流畅、更舒服。《霍比特人》48fps版并没有让电影普及高帧数，但是詹姆斯·卡梅隆已经确认《阿凡达2》是用48fps拍摄的，因为他觉得只有更高的帧数，才能让观众更好、更流畅地体验3D效果。而李安导演，威尔·史密斯主演的《双子杀手》是用

120fps来拍摄的，看过这部电影的人，应该能感受到3D效果配上高帧数带来的逼真感觉。

但是电影是通过幕布来播放的，如果我们用电脑、电视或者手机来播放视频，24fps可能就会让视频变得卡顿了。因为电子显示器使用时间长了之后就会发热，同时功率也会下降。现在电脑上或者手机上观看的视频的帧数一般保持在50~60fps。那这些对于我们拍视频有什么用？比如我们选择1080P分辨率拍摄，选择60fps，画面的流畅度就会比30fps更高，因为它1秒钟能够播放60张连续的图片。如果手机内存够大，应尽量选择高帧数，以保证更流畅的画面。

如何选择拍摄帧数

对于手机来说，因为受到机器处理图片能力和存储能力的影响，大多数手机拍摄视频的帧数（无论分辨率是720P还是1080P）都会默认为30fps，而且部分安卓手机没有选择帧数的选项，只能使用默认帧数。如果选择高帧数，比如选择60fps进行拍摄，那么拍摄的一些特效、美颜等功能就无法使用了。再或者选择4K分辨率进行拍摄，就无法选择帧数，只能使用默认的30fps。

但是随着手机的硬件不断更新，用户需求增加，厂商品牌意识提升，现在市面上也出现了很多能够高速录像的手机。例如新款的苹果手机，iPhone 11在使用4K分辨率进行拍摄时，可以选择24fps、30fps或60fps。但安卓手机中还没有能达到这个标准的。

使用高速录像功能拍的视频除了看上去流畅以外，对我们还有什么帮助呢？我们在看视频、看电影的时候，经常会看到一些慢动作的镜头，如果要专门拍摄慢动作，是需要使用专门的慢动作功能去拍摄的，比如手机里的慢动作功能。那如果有一些镜头并没有提前想好需要用慢动作拍摄，但是后期播放的时候想用慢动作播放该怎么办呢？

这时候高帧数的高速录像的优势就凸显出来了。如果用30fps拍摄，把视频播放速度放慢50%，就相当于15fps，虽然也是连贯的画面，但看起来就会比较卡顿。如果用60fps拍摄，把视频播放速度放慢50%，就相当于30fps。从观赏效果上看，肯定高帧数拍摄的视频放慢后的效果会更流畅、细腻。高速录像能拍摄到很多我们容易忽略的细节和精彩的瞬间，通过慢动作播放视频，还会让视频更好玩有趣，这就是为什么越来越多的厂商开始注重高速录像这个功能。

所以在用正常速度拍摄视频的时候，建议选择60fps，这样在后期剪辑的时候，可调整的空间幅度会更大一些。

〈相机　　　　**录制慢动作视频**

1080p HD, 120 fps

1080p HD, 240 fps　　　　　　　　　✓

1分钟慢动作视频约：
• 170 MB, 1080p HD, 120 fps
• 480 MB, 1080p HD, 240 fps

除了在以正常速度拍摄时可以选择帧数，在用手机拍摄慢动作的时候，也是可以选择帧数的。前文介绍过，大部分的手机是只可以选择120fps和240fps两种帧数的，个别新款手机可以选择960fps的高帧数拍摄。但是，选择这个帧数只能拍摄1秒钟，无法长时间拍摄。

为什么慢动作拍摄的帧数是这么多呢

使用慢动作拍摄的视频，会自动生成慢动作效果。比如，选择120fps拍摄视频，如果拍摄1秒钟，成品视频就是4秒钟，会把视频速度放慢至25%，实际帧数就变成了30fps，这也是手机拍摄视频的最低帧数，即使视频速度放慢，画面依然会保持流畅的效果。如果用30fps拍摄慢动作，视频速度会放慢25%，那么实际帧数只有7fps多，这个时候我们再看视频，就会出现不连贯、卡顿的现象。

所以使用越高的帧数拍出来的视频，细节越多。比如一只燕子每秒扇动翅膀的次数在20次左右，如果你想拍清楚它每一次扇动翅膀的细节，就需要用高帧数来拍摄；蜂鸟1秒钟扇动翅膀的次数在96次左右，如果你想拍清楚蜂鸟的翅膀扇动细节，就需要用更高的帧数来拍摄。

对于日常手机拍摄，我们建议选择240fps，因为慢动作视频拍摄的时间都不会很长，所以占用的内存并不多。对于后期视频剪辑，高帧数会让你更加从容。

现在市面上绝大多数的手机都是可以选择分辨率和帧数这两个参数的，虽然手机品牌很多，型号也各式各样，但随着人们拍摄意愿的增强，厂商也都在尽力提高手机的拍摄配置，尽力满足用户日常拍摄的需求。

带你解锁手机隐藏功能
——锁定对焦

什么是锁定对焦

现在的手机越来越智能，让人们在拍摄的时候变得越来越"懒"，太过于依赖智能手机。因为手机太智能，在拍照或者拍视频的时候，大多数人都是直接选好拍摄场景，按下快门。如果拍摄环境是比较理想的状态，比如光线充足、场景简单、主体明确，手机的智能效果会发挥得比较好。但是如果环境复杂、光线变化不定、场景中移动的元素太多，比如在人群熙攘、车水马龙的环境，我们会发现拍出来的视频有时候效果没有那么好。特别是近距离拍摄时，我们会发现相机偶尔会自动变焦，使画面虚虚实实，看起来非常不舒服，拍摄的主体也无法清晰地展现。

所以这个时候，我们可以使用锁定对焦的方式来保障画面的焦点稳定，不受环境干扰，以确保拍出清晰度高的视频。锁定对焦是一个"隐藏功能"，并没有在拍摄界面显示。

焦点

锁定对焦，就是在拍摄视频的过程中，把焦点固定在取景范围内的一个位置上，这样处于焦点位置的物体，在画面中可保持清晰。同时，锁定对焦也会锁定曝光，画面的曝光度不会自动改变。锁定对焦的操作比较简单，重要的是知道如何选择焦点。

苹果手机如何锁定对焦

打开苹果手机的相机之后，在拍照、录像、慢镜头、延时摄影，人像和全景等所有的拍摄功能中，都可以应用锁定对焦功能。在拍摄之前选择画面中的焦点位置，长按屏幕3秒钟，屏幕上方会出现黄色的提醒，"自动曝光/自动对焦锁定"。此时再进行拍摄，画面中的焦点就已经被锁定，不会发生变化了。如果想解除锁定，再轻触屏幕中的其他地方即可。

在锁定对焦的情况下，焦点无法改变，但是曝光是可以调整的。上下滑动焦点框旁边的小太阳，调整到合适的曝光效果，不再触碰屏幕，焦点和曝光即可保持此时的参数设置。

安卓手机如何锁定对焦

锁定对焦的方式，无论什么品牌的安卓手机，都是使用同样的操作方法。打开安卓手机的相机，选择画面中的焦点位置，长按屏幕约3秒钟，屏幕上会出现提示语，此时对焦和曝光已经锁定。

华为

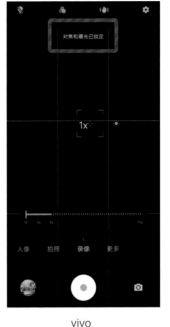

vivo

锁定对焦,就是在拍摄视频的过程中,把焦点固定在取景范围内的一个位置上,这样在焦点位置的物体,在画面中是保持清晰的,同时,锁定对焦也会锁定曝光,画面的曝光度不会改变。锁定对焦的操作比较简单,重要的是知道如何选择对焦点。

个别品牌的手机的提示会有细微的差别,比如努比亚手机,此款手机锁定对焦的操作方式与其他手机一样,但是提醒样式不同。当曝光和对焦锁定的时候,它的对焦框里面会有一个"闭合的锁头",当这个图标出现的时候,代表焦点与曝光被锁定了。

但是此款手机的曝光调整的方式与其他手机不同,图中方框为焦点,圆形为测光点,当锁定对焦后,可以根据实际拍摄场景,选择不同的测光点,把圆形移动到想要的地方。比如想让画面中的亮部清晰些,就把测光点移动到画面中比较亮的地方,反之,如果想要暗部细节清晰的图片,就把测光点移到画面中较暗的地方。要想锁定测光,还需要再次长按测光点,使圆形在画面中对应的位置保持不变。此款手机的操作更像单反相机的操作。

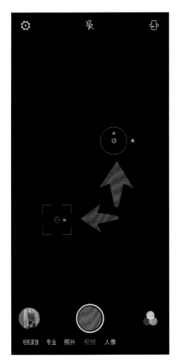

努比亚

031

锁定对焦在拍摄中的应用

前文讲过在复杂变化的场景里,使用手机拍摄视频会出现焦点改变或者无法对准焦点的情况,所以我们要使用锁定对焦来解决。那么在不同的实际场景中,我们应该如何应用锁定对焦呢?

拍摄日出日落

当我们拍摄日出日落场景的时候,一般拍摄的过程就是太阳从地平线以下升到地平线以上,或者太阳从地平线以上落到地平线以下。这个场景差不多持续半个小时。这段时间,太阳光线不会特别亮,天边呈现暖色,我们能够看到天空颜色的不断变化,特别是有轻轻的云层遮挡的时候,拍摄效果更好。

在拍摄这种场景的时候,因为太阳与我们的距离可以理解为是保持不变的,我们为了让太阳始终保持清晰,所以要对焦在最远端。最远端就是太阳正下方海平面的位置,如上图中黄色方框的位置,长按锁定。这个时候,即使海面有再多的变化,或者镜头前面有游客走过,也不会影响焦点。

在拍摄日出日落的时候,环境中最大的变化就是光线,日出时,环境会越来越亮,日落时,环境会越来越暗。如果不锁定对焦,手机为了保证画面清晰,会根据光线亮度来自动调整曝光度,这会影响最终的视频效果。所以,锁定曝光的好处就是能够帮助我们在同样的曝光度下记录场景的变化。

拍摄逆光剪影物体

在逆光环境里，如果要拍摄剪影视频，也需要锁定对焦。比如在夕阳下的海边，要拍摄一个人跑动的剪影，那在这个场景下，焦点就不能在最远端的海平面了，因为此时拍摄的主体是人。如果这个人从取景框外面跑进来，人离镜头会更近，人会更加突出，所以手机会自动识别跑动的人为主体。为了保证主体清晰，手机会自动提高曝光度，这个时候就无法拍摄出剪影效果了。

在拍摄这种场景的时候，我们应该提前有预判，预判这个人会从什么位置跑过去，确定人离镜头的距离，提前做好准备。比如图中的人是在沿着海岸线跑步，那我们提前固定好手机，先选择焦点，对焦在人跑步的线路上，也就是海岸线的位置。长按锁定对焦后，适当降低曝光度，然后等人跑过来的时候再进行拍摄。

拍摄行人众多的场景

在人多的场景里拍摄，如果单纯依靠手机的自动拍摄功能，手机的智能会"失效"。因为在复杂多变的场景里，手机无法判断拍摄者的真实意图，所以经常会造成画面不停地对焦、抖动的情况，特别是近距离拍摄时。

比如在一个车水马龙、人群熙攘的十字路口拍摄时，需要提前选好焦点位置，再锁定对焦和曝光，保证画面的稳定性，这样即使画面中的人群随意走动也不会影响画质。当人走到提前锁定的焦点位置（这个位置一般选择屏幕的中间位置，如下图）的时候，这里的场景就是最清晰的，这也是画面的核心位置，其余的位置是否模糊，对整个画面影响不大，而且焦点前后位置模糊，也能很好地增加画面的空间感和层次感。

第二章

用好辅助工具，
让拍摄事半功倍

Chapter

Two

三脚架，
你需要的拍摄神器

我们使用手机进行拍摄，其实最主要的原因就是便利。因为人人都有手机，去哪儿都要带着手机，所以看到好看的场景，拿出手机就拍，拍完就分享，便捷、高效而且出片率高。但是，如果想要提高拍摄效果和创造更多的拍摄可能，我们依然需要一些辅助设备。

为什么你需要一个三脚架

随着人们拍摄水平和拍摄要求的提高，一部手机已经无法满足所有的需求了。比如拍摄一个简单的场景——在天桥上拍摄5分钟车水马龙的街道，如果没有辅助设备，用手举着手机拍5分钟，相信没有几个人能坚持住，拍出来的视频肯定也会非常不稳，所以我们需要想办法把手机固定好，以增加画面的稳定性。

或者拍摄夜景，如果能使用三脚架固定手机进行拍摄，就可以有效提高画面质量，因为大部分手机在拍夜景的时候画质都会大打折扣，如果手持拍摄，手抖还会对画质造成很大的影响。

三脚架是摄像中被用到最多的辅助工具，虽然用手机拍摄是因为便捷，再带个三脚架就觉得复杂了，但无论是手机还是相机，想拍出优质的视频都离不开三脚架。三脚架有以下3个功能。

提高拍摄的稳定性

这个功能相信无须太多解释，大家都能理解。而且在拍摄长时间的延时摄影，或者近距离的慢动作视频的时候，都是需要三脚架来辅助的。比如延时摄影可能一次性要拍摄几十分钟甚至几个小时，如果没有三脚架，基本上是无法拍摄了。

提高构图的精准性

在拍摄复杂场景的时候，或者想通过某种构图来突出画面焦点的时候，我们需要运用一些基本的构图技巧。因为手持手机必定会晃动，而且画面里的场景也会移动，所以经常会造成拍摄构图不精准，影响成像质量。使用三脚架固定手机，可以解放双手，也更容易去进行构图等操作。

严格控制景深

景深是指画面中清晰的范围，如下图所示，深色表示画面中的清晰部分，浅色表示画面中的模糊部分。景深分为大景深（清晰范围比较大）和小景深（清晰范围比较小）。但是此图更可能是相机拍摄得到的，因为手机的镜头基本都是定焦镜头，无法拍出这么明显的区别和效果。

手机在拍摄近距离场景或者微距的时候，是能够拍出小景深的。但是如果手持手机进行拍摄，很可能无法对焦，或者因为手的抖动，很难把近距离细节拍摄得很清楚。这个时候，就需要使用三脚架固定手机，以减少手机的晃动，控制好画面的景深。

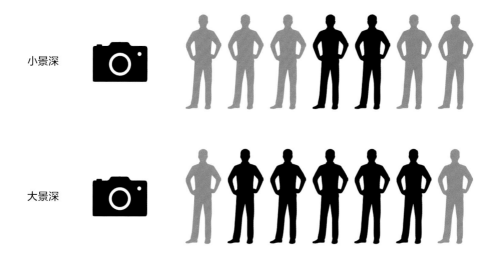

小景深

大景深

三脚架有哪些种类

三脚架因为被用到最多，所以种类也非常多。针对不同机型、不同功能、不同材质，三脚架有很多种类型，价格也从几十元到几千元不等。因为本书是讲手机拍摄，所以就给大家介绍一下适用于手机拍摄的三脚架种类。

桌面三脚架

桌面三脚架非常小巧，约为一个成人手掌大小，个别品牌的桌面三脚架的3条腿可以伸缩，长度可增加一倍。它的特点就是小巧、轻便，适用于自拍，室内场景或者一些小场景拍摄。比如拍摄桌面的操作，画画、手工、书法等内容，或者自拍。

但是桌面三脚架会受到场地的限制，比如在户外，没有平坦的地方，桌面三脚架就无法使用。而且在户外，如果把桌面三脚架放在地面上拍摄，角度会比较低，不好操作。

伸缩三脚架

这种三脚架是最常见的，它的3条腿可以伸缩，长度从几十厘米到一米多不等。它的体积自然会更大，伸缩到最小尺寸，体积可以达到一个矿泉水瓶的大小。因为材质不同，所以重量差异比较大，但是伸缩三脚架也在逐步轻量化。比如铝合金材质的伸缩三脚架便宜，自重大，较稳定，户外拍摄即便在有风的情况下，脚架也不会晃动，当然缺点也明显，就是重！碳纤维材质的伸缩三脚架轻便，缺点自然是贵，因为很轻，稳定性也差一些，在拍摄的时候，需要在脚架下方挂一个摄影包来配重，以提高稳定性。

伸缩三脚架是用到最多的，因为它适用的范围和场景比较多，高度适中，使用起来非常方便。

八爪鱼三脚架

　　八爪鱼三脚架是一个适应场景非常广的工具，它略大于桌面三脚架，也很轻便。它的特点就是3条腿可以自由弯曲、随意变形，便于携带。它的3条腿使用橡胶或者海绵包裹，这样可以增加摩擦力。

　　它在不同的场景应用时，虽然也受制于高度，但是它有一个优势就是可以随意地绑在任何地方，比如树枝、栏杆或者不平坦的地面，甚至石头上，因为它的3条腿是可以自由变形的。我们看下图中的场景，分别是栏杆和一个很窄的石台，如果用其他三脚架是无法完成拍摄的，这种特殊场景让八爪鱼三脚架发挥了更大的作用。

如何选择三脚架

　　使用手机拍摄，主要是因为方便，即使选择三脚架，也要尽量选择便携性强的型号，否则就无法享受手机拍摄带来的乐趣了。

根据需求选择

　　如果你拍摄自然风光或者拍摄人物全景居多，建议选择伸缩三脚架，因为它比较稳，而且高度适中，便于操作。在拍人的时候，它能够达到平视的高度，拍出来的人物会更加自然。

　　如果经常拍摄户外但地面不平坦，又想尽量轻便出行，或者在室内拍摄场景比较多，建议选择八爪鱼三脚架，因为它适应的场景比较多，又便于携带。而且八爪鱼三脚架可以替代桌面三脚架。

如何选择云台？

　　云台是连接手机和三脚架的中间部件，三脚架固定之后无法移动，但是如果想拍摄不同的角度怎么办呢？这个时候就需要云台来完成拍摄角度的调整了。

　　市面上的云台主要分为两种，一种是三维云台，另一种是球形云台。

　　三维云台的体型要更大一些，操作起来会比较复杂和花费时间。其优势是稳定性更加明显，调节角度和构图也更加便捷，适合棚拍，拍摄车流夜景等活动性较少的场景。球形云台的承重虽然比三维云台差一点，但是球形云台体积偏小，重要的是调节速度快。球形云台由于调节起来不受限制，因此很难进行精准的调节，而且由于构造原因，在稳定性上要稍逊于三维云台，磨损也比三维云台更快。它适用于拍摄鸟类或者体育运动场景，新手会用得比较顺手。

　　对于手机来说，球形云台更适合，因为三维云台适应性低，球形云台在各种三脚架上都适用。

三维云台　　　　　　　　　　　球形云台

动手动脑，
自制手机固定器

利用手机进行拍摄，可能会遇到很多随机的场景，比如在下班路上突然看到漂亮的夕阳，或者在旅游途中偶遇难得的美景，再或者与朋友聚餐时想拍下造型独特的美食。如果身边没有三脚架等工具应该怎么拍？我们知道使用三脚架的目的就是固定手机，提高稳定性，所以我们可以尝试寻找身边可用的物体来辅助固定手机。

寻找天然依靠点

　　把手机依靠在固定位置，就可以达到稳定的效果，在户外或者在身边随处都可以寻找到依靠点。下左图是我在一个天桥上拍摄日落的延时视频，因为要拍摄很长时间，所以我就把手机靠在了栏杆上。下右图是我在海边拍摄雨后的云海视频，由于没有带三脚架，又没有平坦的地面，我就把手机用两块石头夹在中间进行拍摄。

这种方法的第一个要点是要寻找稳定的地方放手机，在地面会颤动的地方不适合用这种方法。比如在左图中，把手机靠在天桥上看似很稳，但是桥下经过大车，或者桥上有人群走动的时候，天桥是会轻微颤动的，这对视频的稳定性也会有一定的影响。第二个要点就是要找避风的地方，防止风吹动手机。

使用纸杯制作固定器

拍美食如今已经成为我们生活的一部分了，无论是拍照片还是拍视频，吃饭之前都需要"让手机先吃"。我们拍摄美食的常用方法就是拿起手机对着菜品左边拍拍、右边拍拍。拍出的视频画面晃动，内容凌乱，没有任何的美感，美食也失去了特色，所以我们可以使用一些运镜技巧来进行拍摄。如果没有三脚架或者其他辅助工具，可以找服务员要一个纸杯，自己动手用纸杯制作一个固定器。制作方法非常简单，把纸杯撕开两个口，把手机卡进去就可以了。

生活中有很多物品都可以被我们利用，我们要打开思路，所有道具的应用原理都是一样的。

利用手机壳制作固定器

现在我们用手机，都会使用手机壳，有的手机壳会自带支架，可以直接使用，但我们要根据拍摄视角的要求来调整高度。

但如果手机壳背后没有支架该怎么办？我们可以开动脑筋，自己动手制作一个固定器。把手机壳取下来，套在手机侧面，然后找一些东西填充手机壳，把手机固定好即可。

利用燕尾夹制作固定器

如果要在家里或者办公室拍摄一些桌面上的场景，我们可以尝试使用燕尾夹来制作固定器。但是这不一定会适用所有的场景，因为燕尾夹的角度受限，所以我们根据自己的需求来使用即可。我们可以使用一个燕尾夹直接夹住手机进行固定，但这种方法可能有手机碎屏的风险，不建议使用。第二种方法就是使用两个甚至多个燕尾夹进行组合，以实现固定的目的。

无论用何种工具，我们只要发挥创意，巧利用身边物品，最终都可以实现把视频拍稳，达到解放双手的目的。

用好手机稳定器，
让视频"动"起来

一部小小的手机虽然能解决人们的大部分拍摄需求，但随着短视频的兴起，需求在逐渐增加，很多人希望用手机也能拍出电影质感的视频。这就带动了手机拍摄周边辅助工具的发展。手机稳定器正是这几年随着短视频发展起来的辅助工具，各种品牌也如雨后春笋般涌现。手机配上稳定器，让拍摄的思路更开阔，也让拍摄的可能性更多。

什么是手机稳定器

说起稳定器，专业人士一定知道斯坦尼康，这是稳定器的鼻祖，一般用于专业的电影拍摄，普通人应该很少听到这个词。电影制作对拍摄画面的稳定性要求特别高，毕竟大荧幕不同于手机小屏幕，大荧幕会放大视频的每一丝抖动，所以即使是轻微的震动，在大荧幕上都会呈现得很明显。为了保证画面的平稳流畅性，尤其是在地形复杂的场景，比如台阶、空间较小或者需要拐几个弯的拍摄环境，人们就发明了斯坦尼康。

这个"大家伙"并不是谁都能操控的，摄影师要把它固定在身上，用于一些移动场景的拍摄。但是因为这个稳定器的作用，即使摄影师不断地跑动、移动，也不会对画面造成影响，从而保证画面的稳定性。

首部使用斯坦尼康拍摄的电影《洛奇》，真正让观众体会到稳定器无可替代的坚实地位。稳定器在影视拍摄中的应用，让稳定器大放异彩。经历了半个世纪的迭代更替，稳定器也已从斯坦尼康那般笨重昂贵的器材，转变成现今非常轻便的，并且人人都能购买得起的手持稳定器。

　　短视频时代到来之后，商家也看到了民用级别稳定器的市场，纷纷推出了适合于手机的稳定器。使用手机稳定器为什么能拍出稳定的视频画面呢？原理在于稳定器具有3个轴。当进行拍摄的时候，手机重心发生偏移，稳定器根据算法计算并按照一定的控制量反向纠正角度，从而保证拍摄设备始终保持稳定的状态。所以我们无论边走边拍或者边跑边拍，都能最大程度地保证手机画面的稳定性。

　　手机稳定器轻便，便于携带，操作门槛也不高，所以现在已成了短视频爱好者的常用工具之一。

手机稳定器的种类

　　手机稳定器的种类不多，各个品牌之间的差异也不大，而且衡量手机稳定器最重要的指标就是稳定效果。随着市场逐渐成熟，主流品牌的稳定器都能满足我们的日常需求，细微差别主要在于手机稳定器自带的功能上。

　　手机稳定器大致可以分为折叠款和非折叠款两种，主要差别在重量、大小以及一些特色功能上。

　　非折叠款稳定器是常见的款式，现在90%的手机稳定器都是这种，手柄比较大，握着更舒适，在综合性能上也更丰富，拍摄效果更优质。还有一些品牌的手机稳定器还可以在拍摄的过程中给手机充电。

　　折叠款稳定器折叠后，体积减小一半，大概只有手掌大小，便于携带。现在很多女性用户也都有拍摄的需求，稳定器太大对于她们来说不方便操作，折叠款就不会存在这个问题，而且价格也相对便宜很多。但折叠款稳定器算是简易款，所以拍摄的功能和3个轴的旋转角度会有一定的限制。用户应根据自己的需求选择手机稳定器的款式。

手机稳定器的安装与使用

　　虽然手机稳定器使用门槛不高，但是很多人都会卡在第一步，即安装手机进行调平。在使用手机稳定器的时候，一定要按照步骤操作。

　　首先拉开手机夹，插入手机，夹住手机中间位置，或者将手机插到手机夹底部即可。

047

手机稳定器默认为是横屏拍摄，如果需要竖屏拍摄，调整手机夹的角度即可。

如果手机稳定器的轴的位置有卡扣，请先解锁，然后按开机键打开手机稳定器。

手机稳定器会自动进行调平，如果出现手机无法水平的状况，我们可以小幅度移动手机来进行水平调整，也可以按照说明书重新校正稳定器的水平状态。

开机后，手机保持水平，即可以开始拍摄，具体功能详见说明书，因为不同品牌的手机稳定器操作略有不同。我们可以使用手机自带的相机进行拍摄，但此时手机稳定器只能作为手柄来提高稳定效果，并无其他功能。下载稳定器官方App，可以通过手柄上的各种功能按键拍摄更多的效果，比如人脸追踪、希区柯克、盗梦空间、变焦等效果。

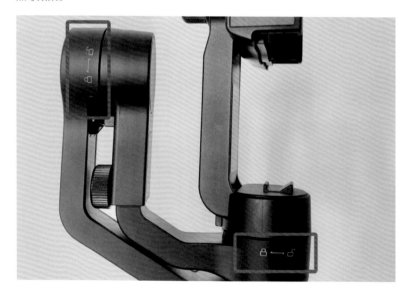

手机稳定器的基本拍摄功能

手机稳定器的官方App有着丰富的拍摄功能，能够提升视频的表现力以及拍摄的多样性。我们以某个品牌App为例，介绍其基本拍摄功能。

打开App，进入拍摄界面，通过蓝牙连接手机和手机稳定器，这样就可以使用手柄上的按钮来操控手机进行拍摄。

拍摄功能：可以选择拍摄照片、视频、延时摄影、慢动作，可以自由切换前后摄像头进行拍摄。

画面修饰：可以添加滤镜，改变视频风格，也可以开启美颜功能，优化人像视频拍摄效果，还可以根据环境调整曝光度，开启补光灯。

分辨率：手机拍摄视频可以选择不同的分辨率，使用手机稳定器官方App拍摄，视频有更多的分辨率可供选择，从720P到4K，我们应根据自己的需求进行选择。

主体追踪：使用手机稳定器官方App拍摄主体明确的视频，比如人像、产品、宠物等，开启主体追踪功能后，镜头在拍摄主体移动的过程中，会一直对准拍摄主体，不会让主体出画，也能让视频更有动感而且聚焦。

手机稳定器如果要用好，有一定的使用门槛，各个品牌的官网或者微信公众号一般会有教学视频，我们要多学习多练习，这样才能把手机稳定器的性能发挥到最好。

外接镜头，
让拍摄范围更多样

随着手机拍摄功能的丰富，手机镜头也越来越多，从单摄像头到双摄像头，再到现在的五六个摄像头，手机厂商在手机拍摄功能上下足了功夫，有些品牌还会单独配置一个用于拍视频的镜头。

如果手机没有那么多的摄像头，我们如何才能拍出更多不同的视角呢？其实手机摄影的配件发展得也很迅速，比如各种不同类型的外接镜头。

外接镜头的种类与作用

　　手机的外接镜头有很多种，常用的镜头有广角镜头、微距镜头、长焦镜头，还有特殊视角的鱼眼镜头。外接镜头很小巧，直接夹在手机镜头上即可以使用，不受手机性能的影响，单摄像头和多摄像头手机都可以使用，因为多摄像头在拍摄的时候，也是调取其中一个摄像头工作，把外接镜头放在对应的摄像头上就可以正常使用。

如果还有更多的拍摄需求，也可以搭配使用偏振镜、星芒镜，以及搭配专业的录像镜头，这种镜头能让画面拍出电影画幅质感。

以电影镜头为例，它能够拍摄出电影画幅比例的视频。常规视频的画幅比例是4:3或16:9，而电影镜头可以拍摄2.4:1的宽幅画面，让视频更接近电影画幅，看起来更高端。但是，这种镜头需要使用对应的App。

拍摄更大场景的广角镜头

手机镜头都是定焦镜头，没有办法像相机一样调整焦距，所以在拍摄的时候，个别场景角度会受限。如果不是自带广角镜头的手机，手机镜头的取景范围无法满足拍摄需求时，拍摄者就需要向后退，拉远距离才能让镜头包含更多的场景。但当空间有限无法改变拍摄距离时，就需要使用外接的广角镜头来扩大取景范围。

手机正常拍摄　　　　　　　　　　　　手机使用广角镜头拍摄

广角镜头适合拍摄户外风光、高大建筑，也适合拍摄人像，包括自拍。广角镜头拍摄的画面更加宽广、大气、空间透视感明显，画面更有视觉冲击力。

探索微观世界的微距镜头

当我们要表现一些细节的特写，比如花蕊、叶脉等，或者要突出纹理、质感等，用手机直接拍摄无法拍到细微之处，因为如果使用手机正常镜头拍摄，当镜头距离主体小于5厘米时，镜头就无法对焦，整个画面就会模糊虚化。如果手机自带微距镜头，就可以直接使用微距功能拍摄；如果不带微距功能，则可以使用外接的微距镜头拍摄，效果会更加逼真。

手机正常拍摄　　　　　　　　　　　　　手机使用微距镜头拍摄

打破拍摄局限的长焦镜头

近两年，部分手机推出了自带的长焦镜头功能，使用了潜望式镜头设计，突破定焦镜头无法实现光学变焦的弊端，让拍摄的距离增加了很多。正常手机变焦范围一般在10倍，自带长焦镜头的手机最高可以变焦100倍，而且也能保证拍摄清晰度。不过如果用手机录制视频，变焦倍数会降低。

长焦镜头由于还不是普遍具备的功能，市面上90%的手机都还不具备这样的配置，所以外接长焦镜头也是我们常用的一种拍摄器材。可以简单理解为，在镜头外装了一个望远镜。用外接长焦镜头拍摄的画质要比手机自带变焦拍摄的画质高很多。

手机正常拍摄　　　　　　　　　　　　　手机使用长焦镜头拍摄

外接遥控快门，
提高画面稳定性

拍摄视频时，更多情况下追求的是稳定性。正常情况下，我们使用前文所讲的方法，使用一些工具固定手机，拍摄出来的画面基本都会非常稳定，不会出现晃动。但有时也会有一些极端情况出现，比如要拍摄近距离的场景，本身画面取景范围小，对焦要求更加严格，也许手机稍微晃动就会影响对焦和清晰效果。这种微小的晃动也许就来自你用手按快门的那一刻，当手触碰到手机屏幕的时候，手机也会微微颤动。可能我们无法观看到，但是这种近距离拍摄的画面是会受到一定影响的。所以为了保证手机足够稳定，我们可以尝试避免用手触碰屏幕。

如何用耳机控制快门？

我们一般只会在以下场景用到耳机——打电话、听音乐和看电视。但耳机还有另外一个功能，很多人并不知道。当打开手机相机功能，插上耳机，我们可以通过按耳机线上的音量键来控制快门。当我们要拍摄一个场景的时候，固定好手机，使用耳机线作为快门的延长线，这样就避免了用手去触碰手机屏幕，能有效地减少手机的晃动。

蓝牙遥控器的使用方法

蓝牙遥控器是一种专门用于拍摄的辅助工具，手机通过蓝牙与蓝牙遥控器相连，通过蓝牙遥控器上的按钮控制相机操作，可以拍摄照片、视频，还可以调整焦距、转换前后摄像头。而且蓝牙遥控器非常小巧，只有硬币大小，便于携带，操控简单。耳机线的长度会限制操控距离，蓝牙遥控器则会更方便，控制距离也更远，适用于一个人自拍，会使人自拍时更加从容。

除了手机，
还有哪些随身可带的设备

虽然手机拍摄视频的功能越来越强，但在一些特殊的场景里手机依然无法满足所有的拍摄需求，比如水中拍摄、全景拍摄等。那么作为一个手机摄影师，我出门还会带哪些拍摄设备呢？

运动相机

前文我们讲过，手机稳定器能够提高视频拍摄的稳定效果。但是，如果是一些特殊的场景，比如极限运动、骑行、自驾这些运动激烈的场景，我们就无法使用手机稳定器了，因为有时候还需要释放双手。运动相机已经诞生很多年了，它因为小巧、拍摄防抖效果好而受到了很多运动爱好者的喜欢。

运动相机可以通过配件固定在很多地方，比如头盔上、车把上、手腕上等，既可以释放双手，又可以带来真实的视角。而且运动相机自带超广角镜头，很多人会用它来自拍vlog（video blog，视频博客）。运动相机还有一个最大的特点就是防水，可以直接带入水中进行拍摄，这让拍摄范围得到了进一步延伸。而且，运动相机还可以拍摄照片、延时摄影、慢动作等多种效果。

全景相机

手机镜头最大的广角能达到120度覆盖，如果配上鱼眼镜头能达到180度覆盖，而全景相机能够达到360度覆盖，因为全景相机前后共有2个180度的超广角摄像头，能够同时录制。后期导出视频的时候，可以自由选取想保留的画面，也可以通过设备制作全景的小星球特效视频。

全景相机也归属于运动相机一类，大小只有手机的一半，非常轻便，便于携带。它拥有强大的防抖效果，所以在滑雪、冲浪等运动场景也经常被使用。全景相机的另外一个特点是能够隐藏自拍杆，拍摄效果类似于无人机拍出的效果，很适合自拍。

拇指相机

拇指相机是伴随短视频发展出现的一种拍摄设备，名称由相机体积而来，因为它只有拇指大小。使用拇指相机，可以把相机吸附在胸前的吸盘上，或者通过特质的夹子夹在帽子上，用以拍摄第一视角。这样可以解放双手，而且第一视角会让视频更有代入感。用拇指相机进行拍摄可以增添很多独特的画面感，也可以激发更多的创作灵感。

收音设备

拍摄视频不仅仅要考虑画面的质量，也需要考虑录音效果。特别是拍摄vlog，需要在很多场合进行录音。如果环境很嘈杂，录制的音效会非常差；如果人物离手机很远，也无法清楚录制人声。

在这种情况下，如果有特殊的收音需求，就需要使用一些麦克风来辅助拍摄。

第一种麦克风是手机自带的耳机，但是拍摄距离因耳机线长度受限，所以只适用于自拍。

第二种是指向性的麦克风。这种麦克风通过线连接手机，收音效果更优质，因为指向性麦克风对准人物拍摄，能够有效地屏蔽周围杂乱的环境音，只收取麦克风指向方向的声音。

第三种为无线麦克风，这种麦克风能打破距离的限制，让收音更加自如，注意说话的时候一定要对着手机。无线麦克风可以夹在衣领上，通过蓝牙与手机相连进行录制，而且会有降噪效果，能够很好地屏蔽杂乱的环境音，让声音效果更好。它便于携带，小巧且不影响拍摄。

工具是为人服务的，不要为了某一个小需求去采购设备，因为设备如果无法发挥最大的功效，就变成了自己的负担。我们需要去了解设备的各种功能和能拍出什么效果，如果无法实现想要的效果，要先想一下如何用现有的设备来实现，比如水下拍摄一定要买1个可以防水的相机吗？其实可以买一个防水套，把手机放在里面也可以在水下进行拍摄。总之，手机拍摄还是以快捷、便利为主。

第三章

Chapter 简单易操作的手机
Three 拍摄技巧

7种适合手机
拍摄的运镜技巧

视频不同于照片，因为视频的画面是动态的。因此，拍视频的时候如果固定机位，拍出来的画面就会相对单调，特别是拍摄缺少移动元素的静态场景。所以在拍视频的时候，我们需要应用一些远景技巧，让视频动起来，增加画面的动感，同时也能增加视频的代入感。

运镜是什么意思？简单理解就是让镜头动起来，让观众的视线突破镜头画框的限制，比如镜头一直跟随人物移动。运镜拍摄可以使用手机稳定器辅助，这样效果会更好。手持拍摄的时候，因为镜头在运动的过程中难免会出现晃动，为了保持画面的稳定性，需要注意2个问题。

减小移动幅度和降低移动速度

手持拍摄时，移动幅度较大、移动速度较快都会造成晃动，使稳定性不可控，所以应尽量减小移动幅度和降低移动速度，力求提高稳定性。

双手握住手机以提高稳定性

手持手机长时间拍摄视频时，尽量双手握住手机，胳膊紧贴躯干，把身体当作一个三脚架，这样能够提高稳定效果。

运镜一: 推

　　"推"是最常见的一种运镜技巧。在拍摄的时候,镜头缓慢向前移动,不断地推进,靠近拍摄主体,拍摄主体在画面中的比例逐渐变大。这种运镜技巧能够起到聚焦、突出拍摄主体的作用。比如要拍摄一个人物,镜头向前推进的过程中,人物在画面中的比例逐渐变大,让人物更中突出。

　　即使是拍摄没有主体的场景,"推"的运镜方式也会让视频更有代入感。

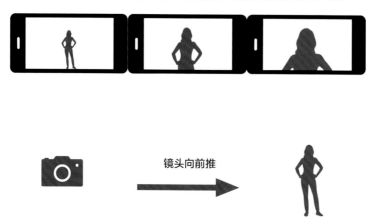

运镜二: 拉

　　"拉"与"推"的运镜方式刚好相反。在拍的过程中,镜头逐渐向后拉远,让镜头远离拍摄主体,成片的视觉效果也与"推"相反。"拉"的运镜技巧能够起到交代环境、突出现场的作用,让看视频的人了解拍摄主体所在的环境特点,增加画面的氛围。

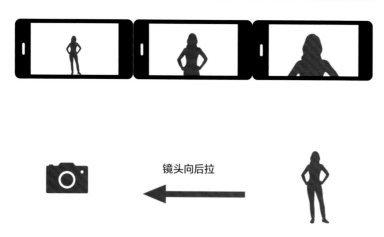

运镜三：转

"转"的运镜技巧，能给视频增加一种独特的视觉效果。其拍摄方法也很简单，常见有两种操作方式。

第一种是站在原地拍摄，在拍摄过程中旋转镜头，旋转角度没有特定的要求，但是在拍摄素材的时候尽量拍摄360度，以方便后期剪辑的时候截取素材。此时如果选择的角度不够。后期就无法增加素材。

第二种是围绕着拍摄主体进行旋转拍摄，这种方式能全方位地展现拍摄主体。旋转拍摄的时候，因为是动态拍摄，所以要控制好移动的速度。

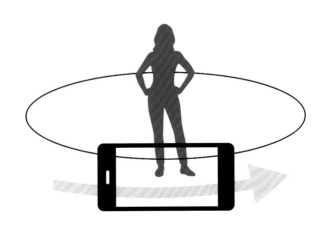

运镜四：移

"移"可以理解为平行移动，移动的方向可以是横向，也可以是纵向，或者倾斜一定的角度。但是移动的轨迹要以直线为主，不要无规则地移动。单个镜头拍完就停止，然后再拍摄下一个镜头，单个镜头里尽量不要使用多种运镜技巧，因为会造成混乱的视觉效果。

比如拍摄辽阔的自然风光，可以采用横向的水平移动；拍摄高大的主体如建筑、山峰等，可以采用纵向移动；拍摄小场景也可以使用这一运镜技巧。它适用的场景很多，但是一定要注意保证手机是直线移动而不是原地不动的。

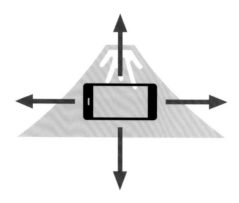

运镜五：穿

"穿"可以理解为穿越、穿过的意思，当拍摄的时候，需要在手机和拍摄主体之间寻找一个前景，因为要穿越的就是这个前景。"穿"的运镜技巧可以让视频画面增加层次感和空间感，因为有了前景的衬托，有了远近的对比，才能让画面有身临其境的代入感。但是前景不能喧宾夺主，它只是起到衬托的作用，比如栏杆的缝隙、门窗、树叶的缝隙等都可以作为前景来使用。拍摄的时候结合"推"和"拉"的运镜技巧，穿过前景，然后聚焦在拍摄主体上。

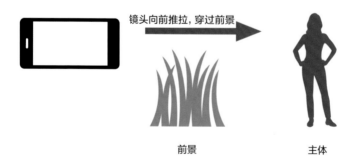

镜头向前推拉，穿过前景

前景　　　　　　主体

运镜六：跟

　　"跟"的运镜技巧可以理解为跟随，拍摄移动的主体时，镜头一直跟随拍摄主体移动。比如在后边跟随拍摄一个向前走动的人，或者在前面拍摄向镜头走过来的人。镜头和主体同步运动，可以保证拍摄主体在画面中的比例是不变的，跟随拍摄也能让画面增加代入感。

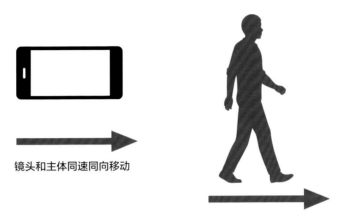

镜头和主体同速同向移动

运镜七：摇

　　"摇"的拍摄方法和效果与"移"类似，但是拍摄的时候，摇镜头是指原地不动地旋转手机或者相机，镜头是弧形移动的。比如站在原地拿好手机，镜头从左向右拍摄，手机移动的路径是一个弧形，也可以向上拍摄，记住关键点就是原地不动。

　　"摇"会逐一展示镜头前的场景，让画面更有代入感。

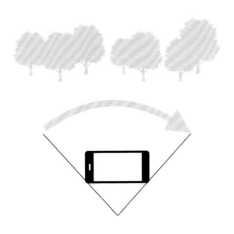

不同视角能拍出
什么不同效果

普通人拍摄视频都会有一个惯性思维，就是"自己舒服"。因为手机拍摄的最大特点就是便捷性，随时拿出手机随时拍摄，所以大部分人都会拿起手机就开始拍，用自己最舒服的姿势拍摄，比如站姿拍摄，或者把手机拿到胸前的高度进行拍摄。如果一个成人同样拍摄另一个成人，因为身高差距不大，这没什么问题。但是如果成人用站姿拍摄孩子、宠物或者路边的花花草草，就会变成俯拍，这样拍出的视频效果就会打折扣。比如用站姿拍摄孩子，多数情况下很难拍到脸，只能拍到孩子的头顶，也无法记录孩子真实的状态和表情，这样的视频很难打动人。

俯瞰全局的"上帝视角"

"上帝视角"很好理解，就是在高处俯瞰。有一些拍摄需要记录全景或者非常大的场景，就可以利用"上帝视角"来进行拍摄，不过这种视角受到的限制比较多，比如要在高空或者寻找制高点进行拍摄。使用无人机航拍是最理想的，但如果用手机拍摄就无法实现航拍，那就需要寻找制高点进行拍摄。比如在高层的楼上，或者使用自拍杆把手机举高，从上方拍摄。虽然没有无人机那么广的视角，但是也可以通过视角的改变来丰富画面。俯拍人物，容易拍出人非常矮小的效果，因为近大远小的透视原理会导致镜头离头近，离腿远，所以拍出的人看起来会非常矮小。

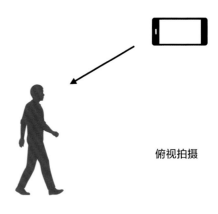

俯视拍摄

图中是在一个建筑的顶楼拍摄的俯瞰城市的画面。如果要拍摄城市题材的视频，可以寻找地标或者在高的建筑物上进行拍摄。

拍摄自然风光类视频也很适合用"上帝视角"，能够更好地突出自然风光辽阔的特点。图中的拍摄位置为半山腰，能较好地拍摄下面山谷的晨雾。如果人站在山谷，置身于晨雾之中，是无法拍出这种效果的。

图中是使用全景相机自拍的画面，从上方垂直拍摄，拍出无人机跟拍的效果。虽然是一个简单的画面，但结合建筑的空间，利用不同视角，就能让视频增加更多的趣味性。

平易近人的水平视角

水平视角是最常用的拍摄视角，因为高度与人眼持平，是人们的正常视角，所以看起来非常有亲近感。用手机进行拍摄时，如果拍的是人物题材，手机高度应与被拍摄者的眼睛持平；如果拍摄自然场景，手机高度与拍摄者的视线持平即可。

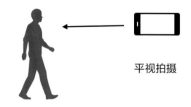

平视拍摄

在街头拍摄街景，如果要体现画面的代入感，就要以被拍摄者的水平视角拍摄，拉近观看者和画面场景的距离。

但有一点需要注意，如果拍摄的是孩子、宠物这些比自己矮小的主体，就要以他们的视线高度为准。比如拍孩子，就要蹲下来以孩子的视角拍摄，这样才能更真实地展现孩子的特点、动作、神态，也能让孩子更加放松。不能用成人的视角去拍摄孩子。

观感独特的"蚂蚁视角"

第三种常用的拍摄视角叫"蚂蚁视角"。顾名思义，其镜头角度非常低，拍摄的时候要采用低角度仰拍的方式去拍摄高大的场景或主体。这种拍摄视角能让画面产生很强的视觉冲击力，也能让画面产生更强的空间感。

仰视拍摄

图中的高大建筑，低角度仰拍时应尽量把建筑拍完整，这样才能突出建筑的特点和气势，特别是古建筑，很适合低角度仰拍。如果地面积水，还可以利用水面通过低角度拍摄倒影效果，增加画面的动感。

低角度同样适用于拍摄人物题材,通过近大远小的透视原理,在视觉效果上会拉长双腿,也可以显得脸很小,同时还能体现一种高贵、霸气的独特气质。而且低角度仰拍还有一个特点,如果在室外以天空为背景,会让画面显得更加干净,让人物主体更加突出和清晰。

学会利用不同景别
丰富视频画面

一个视频需要交代的信息其实很多，所以如果你的视频只用一个视角进行拍摄难免会有些单调。前文讲过的几个拍摄视角，如平视、仰视、俯视，拍摄一个主体的时候，我们可以不断切换视角。但是这样只能拍摄同一个主体，没办法交代更多的信息，比如环境、背景信息、细节或者一些情绪等。那么，我们就要再学会拍摄不同的景别。

什么是景别？

景就是拍摄主体在画面中展现的多少。景别一般包括远景、大全景、全景、中景、中近景、近景、特写、大特写。不同景别在画面中展现的内容不一样，所表达的镜头语言也不一样。

下面用电影《天使爱美丽》的一些镜头给大家分别讲一讲不同的景别都是什么意思，是为了表现什么内容。这几张剧照中都有一个人，但是人在画面中的比例是不同的。

电影《天使爱美丽》

左上图，是一个非常大的场景，人物在楼梯下方，比例非常小，离镜头很远，这叫远景。

中上图，是一个室内场景，人物在画面中"顶天立地"，头顶在画面上边缘，脚底在画面下边缘，这叫全景。

右上图，人物在画面中比例变大，头顶在画面上边缘，画面下边缘在人物胸部以下位置，这叫近景。

左下图，人物在画面中，头顶在画面上边缘附近，画面下边缘在人物腰部以下位置，这叫中近景。

中下图，是近距离拍摄的人物面部特征，画面中是一个完整的面部，这叫特写。

右下图，人物面部充满画面，只拍了脸的局部位置，这叫大特写。

通过这些不同的景别，我们能够从画面中感受到不同的氛围和情绪，比如远景和大特写对比，画面突出的感觉是不同的。

从景别示意图中，我们可以大致了解不同景别的取景范围，以及具体表达了什么样的效果。

远景，更多强调空间和环境的特点。

全景，人物高度和画面相同，主要表现人物的一些肢体动作。

中景，从头到手自然下垂的位置，用于表现人物的情绪、动作，突出人物。

巾近景，从头到腰部偏下的位置，用于表达人物的情绪和神态面貌。

近景，从头到胸部位置，视觉集中，突出人物的情绪。

特写，人物的头部为特写镜头，用于表现微妙的面部表情。

大特写，人或者物体的局部，比如眼睛、嘴巴，有格外强调的作用。

景别在拍摄过程中也可以应用到其他场景，不仅可以拍人，还可以拍摄风光、食物等。景别一般是跳级使用。如果第一个镜头是大特写，第二个镜头就不能用特写，可以用近景或者中近景；如果第一个镜头是中景，第二个镜头就不能用全景或者中近景，可以使用远景或者近景。

如何选择景别?

　　景别的差异体现了拍摄者的主观态度。如果要表现亲密感、情绪刻画,就可以使用近景、中近景等景别;如果要表现疏离感、距离感,就可以采用远景、大全景等景别。景别可以笼统地分为全景系列(远景,全景,大全景)和近景系列(近景,中近景,特写等)。

　　全景系列景别表现的内容比较宏大全面,以记录场景范围和人物动作为主;近景系列镜头侧重表现人物的情绪面貌、内心世界和物体的细节特点。而且近距离拍摄能够虚化背景,让主体在画面中更加清晰,且不受环境的干扰,具有很强的视觉冲击力和夸大细节的特点。

图中切面的场景,是在拍摄手擀面制作的过程。因为要拍摄切面的细节和过程,所以就采用特写景别来突出细节,让画面更有亲近感。

图中为一个老奶奶上山,为了体现人物所生活的环境和环境的特点,采用远景景别拍摄,不仅描述了人物的动作,还记录了人物所在环境的特点。

用好构图，
让画面更具美感

构图是摄影艺术最为直接的体现形式，简单理解，就是把画面中的人、景、物安排到合理的位置，保证画面的稳定性和平衡性。它综合了用光、景别等多种技巧，将拍摄的物体按照一定的规律结合在一起，表达拍摄者的认知。结合不同的场景、不同的拍摄条件，构图有很多种，甚至可以进行多种构图的组合。优秀的构图具有均衡、和谐的视觉美感。

我们首先了解一下如何选择横构图和竖构图

拍什么要用横构图？

这是最常用的画幅，取决于人眼的可视范围。人眼的水平视角大于垂直视角，采用横构图能够模拟人眼的视觉范围，所以电视、电影屏幕全部是横版的，这种大屏幕看起来还原感更高。

如果要拍摄大场景，或者人多的场景，想突出记录环境、空间的内容，就可以采用横构图，它能突出宽广、宏大的场景。

拍什么要用竖构图？

　　随着手机的普及，更多人习惯使用手机观看视频。但是手机本身是竖屏的，而且屏幕很小，所以竖版视频能更好地匹配手机屏幕，不干扰我们的观看。而且社交媒体的发展，让更多的人开始乐于展示自我，乐于通过视频展示才艺。单人展示的视频，更适合用竖构图。

　　如果要拍摄单个的人物或者静物，或者想表现深邃的空间感，比如街道、长廊这些场景，也都比较适合竖构图，包括拍摄高大的建筑、树木、山峰等，能突出其高大挺拔等特点。

　　拍摄什么样的构图，要根据你想表达的内容以及传播平台的特点来决定。

中心构图

中心构图是最常见的一种构图方式，也是最简单的构图方式。把你要拍摄的主体放到画面的正中间，主体不能偏，如果偏向一侧，会显得画面重心失衡。它比较适合拍人、静物这些单一的主体。这种构图能比较好地强调主体、突出特点。

图中为房间内烧油灯的孩子，室内很暗，在油灯的映衬下勾勒出人物的轮廓。人物和油灯位于画面的正中间，这就是中心构图。

横版视频更适合展示剧情、风景、大场面或者人物场景结构丰富的内容。比如短视频里的剧情类的视频、风光类的视频、vlog类的视频都更适用横屏拍摄。

电影《爱乐之城》

在手机时代，短视频多是竖版的，用户习惯竖着拿手机看视频。竖版视频多数是单人的才艺展示，比如脱口秀、歌舞等。而且手机屏幕很小，周围又有一些文案、各种功能按钮，所以主体应居中展示。中心构图是竖版视频中被用到最多的构图方式。

九宫格构图

九宫格构图是摄影中最基础的构图方式，4条线把屏幕分成9等份，横线和竖线有4个交叉点，拍摄的时候，把主体放置于4个交叉点中的某一个点上。但是它的变化却很多，因为九宫格构图有4个焦点可以选择，所以能应用的场景非常多。不过使用九宫格构图的时候，一定要注意主体和周围环境的关系。

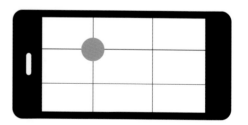

图中的人物在九宫格构图左下角的交叉点附近，太阳在右上角交叉点附近，人物和太阳形成相互对应的关系，保证了画面的平衡性。如果此图中没有人，只有太阳，就会显得画面重心偏右，失去了稳定性。

黄金分割是西方艺术中常用的构图手法，我们也学习过最完美的比例就是黄金分割比例。常用的九宫格构图，是非常近似于黄金分割比例的，可以理解为九宫格构图是简易版的黄金分割比例，这样更好应用。

右图为电影《爱乐之城》的剧照。

现在的手机相机都自带九宫格构图的辅助线，而且安卓手机还带有更多的构图辅助线功能，可以起到参考作用。图中箭头指的线就是九宫格构图的辅助线，苹果手机、安卓手机的相机都自带这个功能。

苹果　　　苹果　　　华为　　　vivo

开启构图辅助线的方法。

苹果手机：设置—照片与相机—网格。

安卓手机：相机—设置—网格（参考线/构图线）。

引导线构图

引导线构图，是利用环境中天然形成的有形或者无形的线条，根据透视原理形成画面的纵深感。比如拍路、桥等地方是最适用这种构图方式的，它能够很好地还原空间感，代入感也会更强。

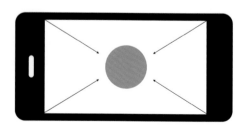

我才是对的那个

上图是电影《灰姑娘》的剧照，穿蓝色裙子的是主角灰姑娘，她跑上楼梯后，楼梯上下的扶手从画面的四周向中间汇聚，利用天然的线条，把观众的视线引导到画面中间的主角身上。

上图为一个延伸到海中的木栈道，它的边缘由近及远汇聚到画面中的人的位置。人是画面的视觉焦点，这也是天然有形的线条起到了引导线的作用。

上图中，上方的树叶垂下来，对于观众来说，视线从上到下被引导下来。画面下方是沙滩椅和远处的海面，这是画面的重心，叶子只是辅助衬托，引导视线聚焦到沙滩、海面。

引导线除了这种有形的，也有无形的，比如光线或者目光。无论引导线是否有形，引导线构图的目的就是引导观众把视线集中到视觉焦点上，让画面更加聚焦。

上图中场景是在一个街头逆光拍摄，因为太阳角度很低，所以街上的人在地面上留下了长长的影子，影子由近及远向中间汇聚，汇聚在人物身上。人物在中间，是画面的视觉中心，所以光影也起到了引导线的汇聚作用。

上图中的左右两侧的人，分别侧身看向窗外的人民英雄纪念碑。画面中没有明显的有指引性的线条，也没有有指引性的光影，但是两个人的目光指向中间的人民英雄纪念碑，此时人物的视线就起到了引导的作用，观众会随着她们的视线看向中间的人民英雄纪念碑。

框架构图

使用框架构图的画面的边缘本身是一个有限制的框架。框架构图是指在画面中寻找一个框架，然后把主体放在框架中间，这也能起到引导、聚焦的作用。框架可以是有固定形状的场景，比如门槛、窗框、洞口这种轮廓清晰的框架。

上图中是位于一个建筑群的中间向上仰拍，利用超广角镜头，可以把四周的建筑拍完整，形成一个闭合的框架。飞机是画面的视觉焦点，框架起到了引导和聚焦的作用，让画面焦点不分散。

右图中两个人坐在门槛上轻松地聊天，画面中方正的门框就成了框架，人在框架之中，吸引了观众的目光。门槛里的黑色空间，也让画面增加了一种神秘感，引人入胜。

框架构图也可以利用无固定形状的场景，比如光线、空间来形成框架，起到聚焦作用。如右图中的佛塔位于画面的正中间，背后的阳光刻画出佛塔的轮廓，四周墨绿色的植物因为阳光照射不进来，所以颜色很深。通过这种光线明暗的对比，佛塔的四周形成了一个框架，让佛塔成为画面的视觉焦点。这就属于无固定形状的框架构图。

下图是在飞机上拍摄的窗口的场景，单独拍摄窗外会显得比较单调，所以伸出一只手，放在机窗的框架之中，不仅起到了框架作用，还起到了引导作用。

　　拍摄的时候，通过环境里的元素去寻找或创造框架进行拍摄，能够很好地增加画面的空间感，让画面更有层次，不至于显得很直白单调。

对称构图

对称构图是指在画面正中间寻找一条线，且在线的两侧的画面保持基本一致，形成对称效果。这种构图能够实现多重空间，增加画面的空间对比和层次感，常用于有水面、镜面的地方。对称构图也能让画面显得更加稳重和庄重，特别是我国的古建筑，因为它们讲究的就是对称美。

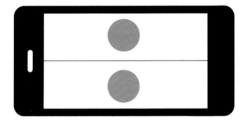

右图利用水面的倒影，拍摄了对称效果。画面上半部分和下半部分是同样的场景，不仅增加了空间感，也因为水面的倒影，增加了画面的虚实对比。

左图的场景是在楼顶，通过另外一个手机屏幕的反射，拍摄的城市倒影。通过地平线，画面上下形成对称效果。如果有天然的反射界面可以直接拍摄，如果没有也可以利用身边的素材创造出这种对称效果。

如果不利用反射界面制造完全对称的场景，也可以利用场景制造对称的视觉效果。上图中都是利用天然的场景和人物的位置，形成了左右对称的视觉效果，这些照片是电影《布达佩斯大饭店》的剧照。对称构图并不一定要线两侧的内容百分之百一样，只要保证视觉效果上对称即可。

用延时摄影
记录时间变换

什么是延时摄影

延时摄影是拍摄视频时很常用的一种形式,也是手机拍摄视频的3个功能之一。

延时摄影又叫缩时摄影,是一种将时间压缩的拍摄技术。其拍摄的是一组照片或是视频,后期通过照片串联或是视频抽帧,把几分钟、几小时甚至是几天几年的过程压缩在一个较短的时间内以视频的方式播放。在一个延时摄影视频中,物体或者景物缓慢变化的过程被压缩到一个较短的时间内,呈现出平时用肉眼无法察觉的奇异精彩的景象。

在电影里,这种拍摄手法被称为"降格"拍摄。因为前文我们讲过现在电影的标准帧数是24fps,就是1秒钟播放24张连续的画面,看起来就是一个连贯的动态视频效果,那么"降格"就是降低拍摄数量,比如1fps,就相当于1秒钟拍1张照片,为了保证我们看到的画面依然是连贯的,就需要把24秒钟里拍摄的24张照片,放到1秒钟里播放,这个时候看到的效果就是我们说的延时摄影,也可以理解为快动作。

什么场景适合延时摄影

延时摄影适用于拍摄城市风光、自然风光(日出日落、云层变化等),能快速呈现长时间内的场景变化(花开花落、食物烹饪等),或者表现紧张、匆忙的氛围(川流不息的人群、车流等)。延时摄影因为场景变化快、节奏感强,画面呈现大气、壮观,所以更多用于拍摄大场景。

拍摄延时摄影的注意事项

1. 画面中要有持续移动的元素，因为延时摄影要记录场景的变化，如果没有移动元素，画面就仿佛照片一样静止了。

2. 拍摄时长至少在5分钟以上，不设上限。因为拍摄的成片会压缩时间，所以如果拍摄时间很短，成片时长会更短，比如拍摄1分钟的延时摄影，也许成片时长只有1秒钟。如果要拍摄日出日落，至少要拍摄30分钟，才能体现出场景的明显变化。

3. 拍摄大场面、大场景的视频才会更有气势，更有视觉冲击力，比如斗转星移、云彩变幻。但这不是绝对的，我们也可以用延时摄影记录花开花谢这样的小场景。

4. 固定手机，减少抖动，尽量使用三脚架，而且选择避风的地方拍摄，因为手机本身很轻，如果有风，就算使用三脚架也会产生轻微的晃动，视频本身是加速播放的，所以在观看视频的时候，轻微的晃动就会被放大。

5. 使用锁定对焦固定焦点，这样可以防止长时间拍摄时因出现异动物体而造成手机自动对焦，而手机重新对焦会导致画面模糊。因为手机相机都有自动对焦、自动调整曝光度的功能，所以拍摄日出日落这种光线变化特别明显的场景时，随着光线的变化，手机相机会自动对焦和调整曝光度，这样拍出来的视频视觉效果就会不一致。

6. 手机需要调成飞行模式。在拍摄的过程中，电话会中断拍摄，短信或者各种消息提醒也会给手机带来震动，导致画面抖动。如果已经拍摄了很长时间，出现这种情况就会使拍摄前功尽弃了。

7. 使用蓝牙遥控器或者耳机线控制快门，尽量减少手和手机的触碰，减少轻微晃动。

8. 保证手机有足够的内存空间，因为拍摄时间很长，视频占用的内存自然会很大。拍摄之前检查手机剩余的空间，不要因为手机内存不够中断拍摄。

9. 保证手机电量充足，手机长时间处于拍摄工作状态，耗电会很快，特别是拍摄几十分钟甚至几个小时的视频时，需要提前备好充电设备或者充电宝，保证不会因为电量用尽中断拍摄。

延时摄影可以控制视频的节奏，增加观赏视频的视觉效果。短视频可以全部使用延时摄影来拍摄，比如山间的云海，再结合有节奏感的震撼的音乐，可以让短视频更有视觉冲击力。

如果是长视频，就不能通篇使用延时摄影了，因为延时摄影更强调视觉上的感官效果，没有太多的实质性内容，所以太长的延时摄影会看着枯燥。长视频要有节奏感，比如拍摄一个有情节的视频，中间可以穿插一些延时摄影的镜头，在短时间内展示一些无关紧要的场景，也可以用它来过渡场景。

用慢动作
控制观众的情绪

拍摄慢动作的特点

与延时摄影相反的效果就是慢动作。慢动作是我们经常能见到的视觉效果，比较容易理解，就是把正常的动作放慢。

慢动作通过放慢画面的播放速度，让更多的细节能够被看清楚，也能让观众更加注重画面的细节。比如火柴被引燃的一瞬间，正常速度肉眼是看不清过程的，但是速度足够慢之后，我们是可以看清引燃的过程的。所以，慢动作更适用于拍摄细节的场景，因为这些都是我们经常忽略的，比如水滴从形成到滴落的过程，杯子落地摔碎的过程等。

慢动作在电影中被称为"升格"拍摄。比如电影标准帧数是24fps，如果用慢动作拍，可以选择240fps，这样1秒钟拍摄的视频被放慢至10%，每一秒依然是24fps，画面被放慢了，但是并不会产生不连贯的效果。如果把24fps的画面放慢至10%，相当于2.4fps，那个时候我们看到的画面就会呈现卡顿、不连贯的效果。

慢动作拍摄注意事项

1. 画面要有持续移动的元素，短时间移动即可，比如房檐下的水滴。慢动作拍摄因为时间较短，所以不需要长时间变化的画面。

2. 适用于近距离拍摄细节变化。细节是最容易被忽略的，一些很快速的变化也会被忽略，如果在视频中增加细节的展示，就能让视频更加丰富，也能起到调节视频节奏的作用。

3. 近距离拍摄要保证对焦准确，因为手机相机是定焦镜头，近距离拍摄不容易对焦。近距离拍摄的时候要反复调整拍摄距离，保证对焦清晰。手机主摄像头最小对焦距离一般在5厘米左右，拍摄距离太近则无法对焦，此时可以使用微距镜头。

4. 根据不同手机型号，可以选择慢动作倍数（帧数）。苹果手机只有2个选项，即120fps和240fps，部分安卓手机最高选项为960fps。如果速度变化很快，为了保证观看清晰度，就要选择高分辨率。

5. 拍摄小场景的慢动作，尽量选择使用三脚架或适用其他方法固定手机。因为近距离拍摄小场景，画面中的参照物明显，手机抖动会被清晰呈现，导致画面不稳。如果拍摄大场景的慢动作，可以不用三脚架，手持即可，因为大场景中手机的轻微抖动在速度放慢时不容易被观察到。

6. 近距离拍摄要使用锁定对焦，因为距离太近对焦会不清晰，且手机相机会反复自动对焦。为了保证画面的清晰稳定，建议使用锁定对焦。

什么场景适合拍摄慢动作

慢动作可以有效提升观众的注意力，当视频速度突然变慢时，人的注意力会更加集中，这也能增加视频的观看时长。如果是拍摄短视频，可以全篇采用慢动作镜头拍摄。仿佛朗读文章一样，视频也要有抑扬顿挫和节奏感，通过不同速度的镜头的结合，让视频更具节奏感，不至于太过单一。

慢镜头适用于拍摄细节（滴水、火苗、物体破碎等），着重表现人物的动作（运动、舞蹈、夸张的肢体动作等），心理变化，表情神态（笑、哭、眨眼等），等等。如果视频内容较少，缺少足够的素材，也可以使用慢镜头来进行填充。

如何拍出
无缝衔接的转场效果

在一个视频中，每个视频素材进行切换的时候，最简单的就是从一个画面直接换到另一个画面，画面从一个场景转到另一个场景，这也是最常用的转场效果。但我们看到，很多视频两个镜头切换的时候会非常自然，感觉不出场景的变化，但实际已经切换到了另一个场景。这就是运用了一些转场的拍摄技巧，让两个镜头无缝衔接，看起来像是一个镜头。

遮挡转场

当我们拍摄视频素材的时候，第一个镜头以一个物体遮挡镜头作为收尾，第二个镜头开头同样用一个物体遮挡镜头，然后移开物体后开始拍摄。比如第一个镜头拍摄完毕，用手盖住镜头，停止拍摄；第二个镜头用手盖住镜头，然后把手移开，开始拍摄。这样第一个镜头结束的时候用手盖住，画面变黑，第二个镜头开始的时候用手盖住，画面也是黑的。通过后期剪辑，把两个镜头黑屏的位置衔接在一起，黑屏前后的画面就是两个场景，通过黑屏效果进行转场，这就是简易的遮挡转场。

一会我们就去体验一下

遮挡物体可以是拍摄环境里的任何一个能挡住镜头的物体，比如手、墙、植物、人身上的任何地方等，遮挡的目的是预留无缝衔接的过渡。但要注意，两个视频遮挡部分的效果要一致，比如用石头遮挡就都用石头，用植物遮挡就都用植物。上文的例子中，用手盖住镜头，屏幕变黑，第一个素材的片尾和第二个素材的片头都是黑屏才能实现无缝衔接。

运镜转场

　　利用运镜过程中的速度变化进行转场的衔接，让视频更有动感和节奏感，也能增强视觉炫酷效果。拍摄的过程中，在视频的收尾快速移动手机或快速移动镜头，移动方向没有严格规定。比如第一个镜头从左向右快速移动收尾，让视频画面变模糊；第二个镜头以快速移动镜头开始，因为第一个镜头收尾的运镜方向是从左向右，所以第二个镜头开始的运镜方向也应是从左向右，然后停住继续拍摄。这样，两个素材可以用同一个方向快速运镜的效果进行衔接。

虽然运镜转场不像遮挡转场，前后都是同样的黑屏效果衔接，但是因为运镜速度快，画面会模糊，两个模糊的画面衔接在一起也会比较自然，而且运镜转场时间很短，不会出现穿帮。

第四章

手机也能轻松剪辑 Chapter
视频大片　Four

快速入门，
5个手机剪辑软件

剪映

　　剪映软件于2019年上线，是抖音官方出品的软件。随着抖音用户的增多，很多人希望自己能够制作、剪辑短视频，于是抖音官方出品了剪映。剪映简单易用，模板丰富，效果比较时尚，符合抖音的风格，抖音近期火热的音乐、风格，在剪映上都可以找得到。而且剪映整体界面设计简单，容易上手，功能丰富，能够满足我们日常的视频剪辑需求。剪映没有收费项目，苹果手机和安卓手机都可以免费下载和使用，并且剪辑后的视频可以一键分享到抖音。

　　打开软件，可以看到其界面分为3个区域。

　　1. 创作区。如果要开始剪辑视频，点击"开始创作"即可进入编辑界面。

　　2. 草稿箱。过往剪辑的视频都会保存在这个位置，我们可以对过往剪辑的视频重新编辑，也可以删除、复制。但要注意，手机里的原始素材不能删除，如果原始素材删除了，就不能进行这些操作。而且剪辑过的视频保存在草稿箱，会占用较多的手机内存，如果没有二次剪辑需求，我们可以删除草稿箱中的视频。

　　3. 功能区。它位于界面最下面，可以从中选择不同的功能。

右图1为"剪同款",此界面有很多现成的模板,上方为不同风格的视频分类,下方为成品视频,点击即可查看视频。选择自己需要的模板,在查看视频界面,点击右下角"剪同款"即可开始剪辑。要注意此界面左下角的信息,看看模板里的文字效果是否可以修改,再看看这个模板需要几个素材,是否满足你的需求。比如图中标记"时长00:08"表示视频时长为8秒,"片段2"表示只能上传2个素材。上传的每一个素材的时长也是固定的。

右图2为"剪辑",可以查看剪辑草稿以及进入剪辑界面。

图1、图2为"消息"和"我的",用户可以创建自己的账号,把自己的剪辑上传到剪同款,供别人使用,也可以在这里查看评论、粉丝和点赞数据,具备一定的社交功能。

打开创作功能,进入下图3所示的剪辑界面,上部分为效果展示区,可以实时查看剪辑的效果;中间为操作区,在这里可以进行剪辑,拼接,添加音乐、字幕、特效等操作;最下方为功能区,可以选择不同的功能进行下一步的剪辑操作。

快剪辑

快剪辑是360公司出品的一款视频剪辑软件，这款软件支持苹果手机、安卓手机、Windows电脑以及iPad等不同设备，既能满足手机上的快速剪辑，也能使用电脑、iPad等大屏幕设备进行剪辑，能够满足用户不同的需求。快剪辑剪辑功能丰富，容易上手，操作门槛低，而且软件里有很多剪辑教程，可以帮助用户快速掌握软件的使用方法。

打开软件，界面从上到下分为4个区域。

1. 剪辑区。这里可以进行视频的剪辑与拍摄。

2. 教程区。这里提供了非常多的软件功能使用教程以及剪辑效果，用短视频的方式碎片化教学。

3. 模板区。这里提供了很多紧跟潮流的剪辑模板，用户可以使用现成的模板，上传素材直接生成模板固定风格的视频。

4. 功能区。这里可以选择进入草稿界面，创作界面以及个人主页。个人主页可以查看账号信息，以及在快剪辑发过的视频等数据。

进入编辑界面,上部分为展示区,可以实时查看剪辑效果;中间为功能区,可以选择视频、音乐、字幕、特效等不同的功能;下部分为操作区,可以在这里进行视频的后期剪辑操作。快剪辑有一个很便利的功能,就是能根据视频要发布的平台,自动调整视频的时长,比如适合微信朋友圈的和适合抖音、快手的。

快剪辑软件可以免费下载,但是其中部分功能右上角有黄色VIP标志,代表需要付费才能使用,包括去水印功能。快剪辑采用的是会员制,购买会员可以使用所有功能。

当视频剪辑完成后,点击编辑界面右上角的红色"生成"按钮,会弹出清晰度选择界面,可以选择视频原素材的分辨率。比如视频采用4K拍摄,导出的视频就会是4K分辨率;也可以根据平台选择,比如抖音会自动把视频压缩成720P。如果你剪辑的视频要发布在抖音平台上,就可以选择"适合发抖音"选项,视频占用的内存也会少很多,还可以根据自己的需求手动选择自定义分辨率。

巧影

巧影是一款专业的手机视频剪辑软件,适用于苹果手机和安卓手机。它也是为数不多的横屏操作的剪辑软件,操作区域更大,使用体验较好。巧影的功能设置以及界面,更像电脑的剪辑软件,其功能也很全面,有大量的素材可以使用。对于有电脑剪辑经验的人,这款软件会很容易上手。这款软件可以免费下载,大多数功能可以免费使用,但是部分素材的下载和水印的去除,需要购买会员才可以使用。

打开软件,界面左侧为开始剪辑、软件设置以及跳转巧影和界面的入口。界面右侧为草稿箱,可以查看曾经剪辑过的视频文件,如果没有二次剪辑需求,可以选择删除,因为草稿会占用较多的手机内存。

　　进入编辑界面后，左侧为一些常用基本操作功能，比如撤销上一步、后退等功能；中间大图区域为展示区，可以实时观看剪辑效果。界面下方为操作区，可以进行视频的剪辑、拼接以及添加不同的音轨、字幕等。界面右上角的圆盘为功能区，剪辑视频需要的所有功能都在这里进行选择，比如添加音乐、视频、照片素材以及多图层的素材、文字、特效、叠加各种效果等。点击圆盘左下角的"商店"图标，可以下载各种剪辑实用的素材。

　　剪辑完成后，点击编辑界面右上角箭头按钮生成视频。在"导出和分享"界面中，可以手动选择分辨率与帧率，建议默认选择1080P, 30fps或者60fps，能够保证视频的清晰度。再点击"导出"按钮，生成视频。"导出和分享"界面右侧为生成的视频文件，可以点击三角形"播放"按钮查看效果，如达到预期效果，再点击最右侧的箭头按钮保存至手机相册。

Videoleap

Videoleap是Enlight系列软件中的一款，此款软件曾经荣获2017年App Store最佳应用，现在只有苹果手机和iPad可以下载使用。这款软件是一个纯粹的剪辑软件，没有社交功能，也没有模板，一切创意都需要自己去创造。使用的时候，用户沉浸感更强，能让你专注于视频剪辑。这款软件整体品质较高，一些特殊功能的使用也有一定的操作难度。

打开软件，其界面很简单，左上角有3个按钮，从左到右依次为"购买会员""草稿箱""帮助"。界面中间加号是开始创作入口。界面下方为功能区，提供各种视频剪辑功能。这款软件的一个特点是具有关键帧功能，它也是比较早推出关键帧功能的手机剪辑软件。

进入编辑界面，上方为展示区，可以实时查看剪辑效果；中间为操作区，可以进行各种剪辑操作。该软件中大部分功能是免费的，个别高级功能是收费的，如果使用了收费功能，右上角会出现"移除限制"的提醒。在这种情况下，视频是无法保存的，需要付费才可以保存。如果未使用收费功能。视频可以正常保存，在保存界面可以手动选择分辨率和每秒帧数。

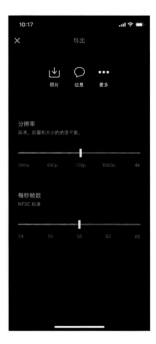

WIDE

WIDE是美图旗下的一款视频剪辑软件，这款软件与前面介绍的软件不同，前面的都是综合性的剪辑软件，这款软件是专注制作电影风格的软件。它内设很多电影独白、配乐以及电影风格的视频效果和滤镜，能给我们带来更多有特色的剪辑风格。

这款软件需要注册账号登录后才可以使用，用户可以用自己的社交媒体账号或者手机号直接注册。进入剪辑界面后，可以看到界面很简单，屏幕正中间是拍摄镜头，可以直接使用软件拍摄视频。界面的上方是添加现有素材，选择电影风格的滤镜以及开启视频美颜等调节功能，还能够切换前、后置摄像头。界面右侧为拍摄和电影特效选择。界面下方黄色线条表示已经上传的视频，这款软件可以上传多个视频进行剪辑。界面右下角为删除图标，左下角可以 选择电影对白配音。

旁白界面会提供很多风格的配音，我们可以根据视频的风格自由选择，左边可以看到朗读内容。

剪辑好的视频可以选择发布到平台并且保持在手机相册里，但是这样的视频是有水印的。如果想要无水印的视频，在视频发布保存之后，会出现如下图所示的界面，在上边的一排分享图标中，选择第三个抖音图标，就会自动生成无水印的视频。

App产品经常迭代更新，包括软件的图标、功能都有可能发生变化，请各位选择下载的时候，以App名称为准。

手机剪辑软件有很多，接下来的剪辑实操部分，为满足不同人的选择，我会使用几款不同的软件进行讲解。剪辑软件的操作逻辑和大部分功能是通用的。

如何用手机快速剪辑短视频

（使用快剪辑软件）

视频的导入与拼接

最简单的剪辑就是把多个视频素材拼接在一起，让视频看起来没有"一镜到底"的单调感觉。一个完整的视频，需要有多个镜头、多个角度的不同的内容。

打开"快剪辑"软件，在首页右上方点击"剪辑"按钮。在手机相册里选择拍好的视频素材，点击视频素材右上角的"双箭头"图标可以观看视频素材。注意，每次导入的视频素材最多是8个，如果有很多个视频素材需要导入，可以分批次导入。

视频素材导入后，进入视频编辑界面，在下方"操作区"可以看到刚导入的视频素材，视频素材会根据选择的顺序默认排列。左右滑动导入的视频素材，可以查看后面的视频素材。如果想要调整视频素材的位置，点击想要移动的视频素材（下图3中箭头指的位置），视频素材会出现一个黄色的边框。按住该视频左右拖动即可调整其位置，到此步骤我们已经完成了视频的初步拼接。

视频裁剪调整长度

视频素材并不能全部保留在视频中，因为很多时候，一个视频素材的开头和结尾都是用不了的。比如可能在按快门的时候会有镜头晃动，所以我们只要保留其中的一部分精华内容即可，也许拍摄的1分钟视频素材，我们只截取了其中的3秒钟。很多初学者都会犯一个错误，即视频太长，没用的镜头太多，导致表现很简单的内容的视频最后成片很长，让人看不下去。

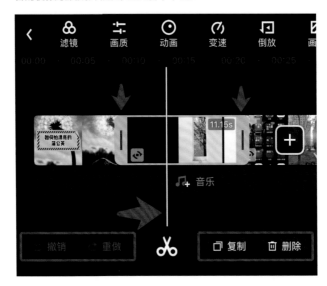

要想剪掉导入的视频多余的部分，有两个方法。第一个方法是首先预览视频，确定要保留的部分，然后左右拖动视频素材，把中间"剪刀"图标上方的白线移到要剪开的位置，点击"剪刀"图标，视频就会被剪开，然后点击不想保留的视频素材，再点击右下角的"删除"即可。

第二个办法是点击要剪辑的视频素材，当素材出现黄色边框的时候，用手按住视频素材左边或者右边的黄色部分，向左右拖动，即可调整视频保留的时长。但要注意，剪completed之后要预览视频，看看是否达到了预想的效果，再进行下一步操作。

如果剪辑有误，想重新剪辑，点击左下角的"撤销"即可恢复上一步。

视频的保存与导出

当视频剪辑完成后，点击右上角的"生成"按钮可以进行视频的保存和导出。点击"生成"按钮之后，会弹出清晰度选择界面，根据自己的需求选择不同的分辨率。现在的短视频平台基本都是最低要求720P的分辨率，所以尽量选择720P或1080P的分辨率。在导出的过程中不能关闭手机，也不能退出App。请耐心等待视频生成，视频内容越多，导出时间越久。如果在导出的过程中发现还有其他的效果想添加，可以点击左上角的"关闭"按钮，停止导出，回到编辑界面继续编辑。

选择合适的音乐，
让视频更有魅力

短视频的传播，并不仅仅依靠视频的内容，一个好的音乐也是非常重要的，因为短视频给人带来的是视觉和听觉多方面的感官感受。一个短视频被打开后，观众即使没有看完内容，如果能听到熟悉的音乐响起，也可以被吸引。

如何确定音乐风格

音乐能够衬托视频的氛围，激昂快节奏的音乐能让视频更有冲击力，温柔缓慢的音乐可以让视频更有代入感。回想一下在看电影的时候，一些重要的镜头都会配上背景音乐，让观众能够通过画面和音乐，快速地进入情境中。

我们在剪辑短视频的时候，要根据内容来选择合适的音乐，锦上添花。音乐是会影响观众观看视频时的感受的。

舒缓的音乐适合文艺风格的视频，比如风光类的、旅行类的、个人叙述类的视频。

节奏感强的音乐适合大场面、大场景的视频，比如自然风光、延时摄影，或者突发个人情绪等类型的视频。

有歌词的音乐能加强观众的代入感，也能增加视频的电影质感。

但是选择音乐时有几个点要注意。

1. 视频中如果有人声，背景音乐尽量选择纯音乐，因为歌词容易和人声混合造成干扰。

2. 注意背景音乐的音量大小，不能盖过人声，因为音乐是起辅助作用的。

3. 如果视频比较长，要注意音乐长度的匹配，不要视频1分钟，音乐只有50秒，如果音乐太长，要裁去多余的部分。

如何搜索音乐

短视频采用的音乐都是比较短的, 是音乐的一个片段, 如果是在抖音上看到的音乐, 可以直接点击视频右下角的位置收藏音乐。如果使用"剪映"软件剪辑视频, 可以直接调取在抖音上收藏的音乐, 非常方便。

如果听到一首歌的一部分, 想知道歌名或想寻找完整版音乐, 可以尝试以下几种方式。

使用微信"摇一摇"功能。
播放音乐, 打开手机微信, 点击"发现", 点击"摇一摇", 点击"歌曲"摇晃手机, 手机可以自动识别歌曲, 找到歌曲的完整版。

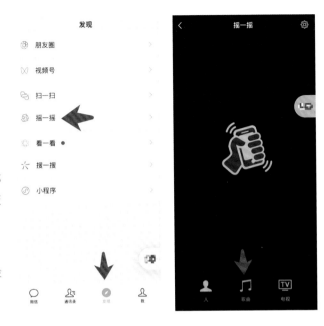

使用电脑软件"酷狗音乐"。点击搜索框右边的"话筒"按钮, 也可以自动识别播放的音乐, 功能类似于微信的"摇一摇"。

如果要寻找音乐素材，可以在"网易云音乐"软件中搜索相关关键词，比如BGM、影视音乐、延时摄影、抖音歌曲等。点击"歌单"，会出现很多整理好的歌单，里面会有大量适合剪辑视频的音乐，可以免费下载使用，但是要注意版权，部分音乐需要付费下载。

为视频添加音乐

（使用剪映软件）

　　打开软件，导入想要编辑的视频素材。在视频轨道下方有文字提醒"+添加音频"，在最下方的功能区也有"音频"选项。点击任何一个都可以进入添加音乐界面，此处点击下方"音乐"，进入音乐选择界面。

在音乐选择界面，上方为音乐风格分类，可以根据自己视频的风格选择相应的分类音乐；下方为导入方式，点击音乐后方的五角星图标，可以收藏音乐，方便以后再次使用。点击红色"使用"按钮，即可把音乐插入编辑界面。

图中蓝色波纹为"音轨"。点击音轨蓝色部分，可以对音乐进行编辑，包括调整音量、变速、变声、复制、删除等。如果音乐时间长于视频时长，把音轨上的白线放在视频末尾处，剪开音轨文件，然后删除后面多余部分的音乐即可。剪辑方法与视频剪辑方法相同。

在导入音乐界面有多种导入方式，方便不同需求的音乐导入。如果剪映账号与抖音账号绑定，在抖音上收藏的音乐，可以在"抖音收藏"里一键导入。"导入音乐"里有3种导入方式。

1. 链接下载。可以在其他音乐App上复制音乐链接，粘贴到地址框中，点击右边箭头进入解析，解析成功后，点击"使用"按钮即可添加音乐。

2. 提取音乐。可以从手机相册的视频中提取视频的声音，点击提取音乐，自动出现视频选择页面，选择想要提取声音的视频，点击下方红色"仅导入视频的声音"按钮即可。

3. 本地音乐。可以从手机里直接导入储存在手机中的音乐文件，但前提要把要使用的音乐mp3文件导入手机，因为手机型号不同，导入的方法也不同。

使用音效增加综艺效果

音效是指一些环境、器械、人声等很短的声音效果，并不是音乐。音效常见的有人群的笑声、掌声、相机快门声、打字机声、下雨声、打雷声等。这些音效往往只有1~3秒钟，添加到视频中能够增加趣味效果，也能增加一种综艺感。在综艺节目中，经常会使用各种音效调节气氛。

打开软件，点击下方工具栏的"音频"，进入添加音乐界面，下方"音乐"的右侧是"音效"。"音效"里提供了很多种类的效果，可以根据视频风格需要选择不同的音效。

选好音效后，操作区会出现蓝色的音轨，音效虽然时长很短，但依然可以调整长短、速度、声音大小。按住蓝色的音效素材，可以左右移动位置。音效一般用在要强调某个内容，关键词、表情神态或者剧情反转的位置，也可以为转场增加声音效果。镜头转场的时候，配上音效，视频会更有节奏感，也会更有动感。

如何为视频添加配音

为视频配音是很常见的需求，往往是在原有的素材上，通过配音增加辅助信息，比如功能性的视频、教程类的视频等。如果视频没有真人出镜的同期声，就都是需要后期配音的。一些文艺风格的视频，也可以通过配音增加一些符合情景的旁白，来提高视频的观赏度。

打开剪映软件，点击下方"音频"，继续点击下方最右侧的"录音"，弹出红色麦克风图标按钮，按住红色按钮即可 开始说话。

录制好的旁白在软件中是绿色的音轨，它的操作和添加音乐的方法相同，可以把它理解为一段音乐素材，从而对这段旁白进行裁剪、变速、变声调、调整音量等操作。

如果需要加入其他视频中的旁白，比如电视剧的对白、诗词朗读等，可以使用前文讲到的导入音频的方法进行操作，或使用前文所推荐的WIDE软件自动添加。

学会踩点制作卡点视频

卡点视频是近两年很火的一种视频形式，它的特点是制作简单，可以使用多张照片配合音乐合成短视频，也可以使用视频素材配合音乐制作有视觉冲击力的短视频。卡点视频重要的是音乐的节奏，需要鼓点或者重音非常明显。

前文所介绍的软件中，包括抖音App都自带很多卡点模板，让用户使用起来更加方便。模板具有固定的效果和固定的音乐，用户只需要上传现有视频或者照片素材即可自动生成。

如果想用自己选择的音乐来制作卡点视频，应该如何操作呢？我们就需要用到软件中的"踩点"功能。

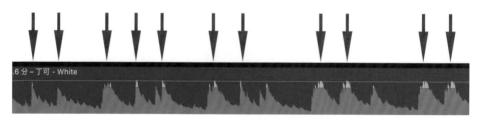

我们先来了解一下音乐的节奏感。上图中是一段音乐的声波图，就像一段连绵不绝的山峰，红色箭头指的地方是最高峰，也就是我们听音乐时的重音位置或者鼓点位置。那我们在制作卡点视频的时候，就需要在波峰的位置进行"踩点"。"踩点"可以起到标记的作用，让我们知道在这里应该进行视频或者照片的素材切换了。

如果要自己进行"踩点"，点击操作区中的音乐素材，再点击下方的"踩点"，进入踩点页面后可以选择"自动踩点"。这里有两种节拍可以选择：节拍I的节奏较缓慢，踩点之间的时间间隔较长；节拍II的节奏更快，踩点之间的时间间隔更短。

手动踩点的时候，可以左右拖动蓝色的音轨，选择波峰最高的位置，点击"添加点"按钮。如果有位置踩点不准确，可以把音轨上的白线移动到点位，黄色的点会变大，点击"删除点"按钮即可删除这个踩点。

　　当踩点完成之后，返回到剪辑页面，可以看到在蓝色音轨下方已经出现了黄色的点，这就是刚才标记的点位。接下来，我们需要在这个点位进行视频或照片素材的切换。下图3的红框中有3个视频素材，调整视频素材的长短，把两个视频素材拼接的位置和下方黄色的点位保持在一条线上，这样一个卡点视频就完成了。我们应根据音乐的长短以及点位的多少，来决定使用多少视频素材。

如何为视频
添加字幕和封面

视频中的字幕形式

字幕是辅助视频内容的一种形式。现在的视频多数使用手机观看，因为用户观看视频的场景不确定，在一些场景里，用户可能无法听清视频内容，或者在视频中要突出一些专业词汇、地名、产品名等需要特殊强调的词汇时，这个时候就需要一些字幕来辅助观众了解视频内容，也能起到加深观众印象的作用。

最常见的字幕形式是为视频旁白或者自述的内容配上同步字幕。这种字幕一般都在视频的最下方，内容与视频中的旁白内容相同，可以辅助展示描述的内容。

左图中的"手机摄影师"时视频主角身份的辅助信息,加强观众对主角的了解,加深观众印象。视频中可以用清晰简单的词语描述、介绍视频主角的姓名、身份等重要信息。

左图中的"环绕拍摄"时关键信息展示。如果需要展示视频中的某个细节,或者需要特别突出视频中的某个内容时,我们可以用文字的形式,展示出知识点等关键信息。

视频封面信息,可以直观展示本视频的内容和定位,让用户直观地了解视频的重要信息,也会起到点题和吸引观众的作用。

如何添加关键词字幕

（使用剪映软件）

剪映软件可以自动识别语音，添加字幕，但是有些关键词字幕是需要手动添加的。打开软件，导入视频，在下方功能区选择"文本"，点击"新建文本"，即可手动输入关键词。

输入文字后，可以按住屏幕上的文字移动位置，将其移至合适的位置，两指滑动可缩放大小。在界面下方"样式"选项中可以对文字进行效果调整，包括字体的样式、颜色、阴影效果、字间距等，还可以调整文字的透明度。

在"花字"选项中，可以选择不同效果、不同颜色、不同风格的花体字。点击不同效果，在上方的屏幕中可以实时看到文字效果，我们应结合视频的风格以及画面的颜色来选择合适的花体字。

"气泡"选项中提供了很多现成的文字背景效果,有很多的风格和颜色。它们可以为关键词字幕加上一个气泡背景,能够起到加强效果、突出关键词的作用,让关键词能更清晰地展示,也能增加画面的趣味性。

最右侧的"动画"选项可以为字幕添加动画效果,让文字动起来,包括放大、缩小、旋转等十几种不同的效果。在"动画"选项中还能为字幕添加动画。入场动画即文字出现的效果比如飞入、旋转进入、放大进入等。出场动画为文字消失的效果。循环动画为字幕在屏幕上持续展现的效果。

剪映软件中还提供了很多现成的综艺风格文字效果,点击"文本"后,选择最右侧的"贴纸",里面提供了上百款现成的贴纸素材,可以根据内容需求选择现成的贴纸。但是贴纸内容不能修改,只能调整大小。

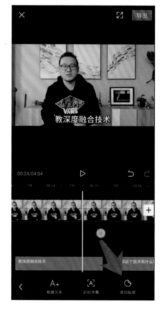

如何自动识别字幕

关键词字幕因为字很少，可以使用手动输入。如果想要给视频配上旁白字幕，使用手动输入的工作量非常大，剪映软件提供了自动识别语音、生成字幕的功能。

导入视频，要求视频必须有人声旁白或者有后期配音的旁白，然后点击"文本"，再选择"识别字幕"，剪映软件就会开始自动识别字幕。根据视频时长，字幕识别的时间会有所不同，但一般几秒钟或者十几秒钟就能够完成识别。识别完成后，操作区下方就会多出一条土黄色的字幕轨道，上方展示区也会出现字幕。

如果旁白为标准普通话，剪映软件识别字幕的准确度能达到95%以上；如果旁白口音严重、吐字不清或者有一些特殊字、生僻字，就会出现识别错误的情况。如果要修改字幕，可以点击操作区相应的那段文字，再点击展示区中字幕右上角的"铅笔"按钮，或者双击展示区中的字幕，可以进入修改界面，操作方法与前文讲到的修改字幕的方法相同。

如果视频中说话过快，或者一句话的内容过长，识别出来的字幕可能一句中会有很多的字，如果想放大字幕，就会有一部分文字无法在展示区中显示，此时我们可以把一句话切割成两句话。在操作区剪辑要切割的字幕，把字幕上的白线放到要切割的字幕位置，点击下方的"分割"按钮，此时一段字幕会被分隔成两段，但是这两段字幕可能存在相同的内容，需要删除多余的文字，操作方法与前文讲到的文字编辑方法相同。

如何添加歌曲字幕

如果视频中没有旁白但是配了音乐，想添加歌曲字幕，以提高视频的美观度，操作的方法也很简单。把视频导入软件，添加音乐后点击"文本"，再选择"识别歌词"，软件就会开始自动识别歌词，但是目前仅能支持国语歌曲，外语、方言等还无法精准识别。如果想修改歌曲字幕，操作方法与前文讲到的字幕修改方法相同。

用好转场和特效，
让视频不再单调

转场的作用

一个视频的效果好坏，不仅仅取决于镜头拍摄的质量。初级入门者，只是用镜头记录直观的感官效果，把几个视频素材拼接在一起，即可以成为一个完整的视频，但是情感表达会过于直白，缺少深意。我们在剪辑视频的时候，还要考虑每个镜头之间的转场效果。从一个场景转换到另一个场景的过渡效果就称为转场。

常见的转场效果有淡入淡出、推进拉远、左右上下划入划出、叠加溶解等。视频使用不同的转场效果能给观众带来不同的视觉感受。

（使用快剪辑软件）

在软件中导入多个视频，在操作区两个视频的衔接处会有一个"＋"，点击加号即可添加转场效果。进入转场效果选择界面后，根据风格有几种不同的选择，点击下面某一种的转场效果，在展示区中可以实时看到转场效果。以淡入淡出为例，能看到上方的人像是一个重影的状态。淡入淡出是指在转场的时候，前后两个画面不消失同时存在，但是透明度会降低，就会产生重影的效果。这样过渡会使视频更加自然连贯，不至于显得生硬。

点击转场效果下方的"点击调节"可以对转场的时长进行调整，按住红色圆形滑块左右滑动可调节转场持续的时间长短，滑块中间的数字代表秒数。如果视频中有很多转场，且都想使用同一个转场效果，可以点击下方的"应用到全部"。

使用特效增加视频趣味性

为视频添加特效也能提升视频的美观度, 比如电影开场、特殊光效、分屏效果等。

打开软件, 导入视频, 把视频轨道上的白线移动到需要添加视频特效的位置, 点击功能区的"特效"可以进入特效选择界面, 里面会有不同的效果分类, 点击某一特效后可以在展示区看到特效效果。但是要注意, 特效使用效果如果是横版视频想使用电影开场的效果, 可以选择第一个上下开屏效果; 如果是竖版视频, 可以选择第二个开屏效果; 如果是户外风光类型视频, 可以选择一些效果自然的光效, 增加画面的层次感; 如果是运动类视频, 可以尝试一些动感类的特效或者分屏类特效。

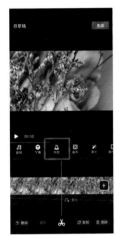 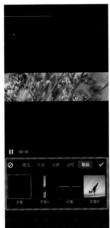  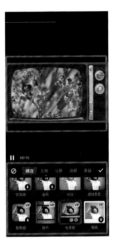

在视频编辑界面, 视频轨道上方的蓝色部分为特效轨道。特效持续时长可以手动选择, 比如特效默认时长是3秒钟, 如果你想要持续5秒钟, 可以点击蓝色特效轨道最右侧的位置, 向右拖动即可手动调节时长。上方的数字表示特效持续的秒数。

121

学会调色，
短视频也能拍出电影风

照片需要后期调色来增加画面的质感和视觉冲击力，视频也是一样。前期拍摄固然重要，但是后期调色也是不可缺少的环节。用手机为视频后期调色，无论是手机自带功能还是使用软件，功能都相对较少，不会像电脑软件一样功能丰富，但是对于普通用户和入门爱好者来说已经足够用了。

使用手机自带功能为视频调色

随着手机的功能越来越丰富，现在部分新款手机自带的功能已经能完成基本的视频剪辑了。下面以苹果、华为、vivo 3款手机为例。

苹果手机

使用苹果手机剪辑视频，要求系统型号为iOS13以上版本，iPhone、iPad都可以对视频进行编辑。

在相册中选择一个视频，点击"编辑"在屏幕右侧可以看到编辑选项。中间的两个图标可以对视频的颜色进行调整，比如曝光度、对比度、亮度、色温等。如果自己调节掌握不好参数，可以点击3个圆重叠的图标，直接使用滤镜。选择不同的滤镜后，滑动屏幕右侧的刻度，可以调整滤镜的程度。

左图中为调色前后对比，拍摄花卉植物要突出温馨柔和的感觉，所以整体色调选择偏黄暖色风格。

使用安卓手机剪辑视频对型号没有特定的要求，因为安卓手机的品牌和型号特别多，不过操作方式都一样，而且安卓手机中的视频编辑功能都比较简单。

右图中为华为手机和vivo手机的编辑界面。它们的操作方式相同，首先在手机相册中选择要编辑的视频，在下方有两个功能可用于调整视频色调，不过只能使用现成的滤镜模板，且不能调节滤镜的程度，也无法对光效、明暗、色温等细节参数进行调整。vivo手机中也只有现成的滤镜模板可以选择，但是vivo手机多了一个功能，它可以区分视频中的人物和背景。比如选择人物，再选择滤镜，这个效果就只会应用在人物身上；如果选择背景，在选择滤镜，滤镜效果就只会应用在背景部分。

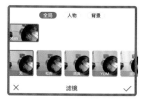

华为　　　　　　　　vivo

如何使用软件进行高级调色

（使用快剪辑软件）

打开软件，导入视频，功能区的"滤镜""画质"两个功能是可以调色的。"画质"功能与其他软件操作的功能相似，操作方法也相似。

在视频调色过程中，并不会把所有功能都用上，我们要了解调色的目的。

1. 调整画面色调，让画面更符合内容风格，比如电影风格、温馨风格，冷酷风格等。

2. 调整画面清晰度，通过锐度、对比度加强画面明暗对比，让视频更有立体感。

3. 调整画面亮度，由于拍摄环境光线不同，通过亮度调整，让画面更加清晰。

通过调整"对比度"和"锐度"可以增加画面的明暗对比和细节清晰度，让画面更加清晰，提高画面的真实度。但是，画面中如果有明显的明暗对比的情况下，调整参数不应太高，防止失真。在调整的过程中，可以随时观看展示区的效果。

"饱和度""鲜艳度""色温"可以对画面的颜色进行调整。增加饱和度，可以让视频中的颜色更加鲜艳，但不要把饱和度调得过高，防止颜色失真；降低饱和度会让画面颜色越来越淡。鲜艳度是饱和度的微调，调整的时候，颜色变化的范围会比较小。而色温可以改变色彩的温度，向右增加数值，颜色偏黄，色调变暖；向左降低数值，颜色偏蓝，色调变冷。

 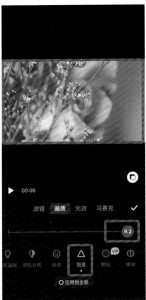 

在调整参数中，"亮度"和"曝光度"都能够展示区提高亮度或者降低画面的亮度。那二者有什么区别呢？最简单的理解，从效果来看，调整曝光度对照片的影响比调整亮度效果更明显，变化程度更大。右图中针对同一张照片进行了亮度和曝光度的调节，在展示区中能明显看出，曝光度数值调到最大后，整个画面过曝，亮的部分看不到细节。而亮度数值调大最大后，对于高光部分细节保护好。所以我们在调整画面的明暗时，如果要调整"曝光"选项，尽量小范围调整。

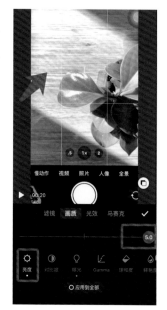

在"滤镜"功能里，我们可以选取不同风格的滤镜效果，直接改变视频的色调和风格。在这里特别介绍一下"关键帧"功能。点击"添加关键帧"，在操作区域，能够看到"上一帧""添加/删除帧""下一帧"。选择一个位置，点击"添加帧"，视频轨道上就会出现一个白色的菱形图标。关键帧是指从此处开始，后面的视频效果会根据你的操作产生变化。此时可以左右滑动上方红色圆形滑块，这是在调整滤镜的透明度。比如事先选择了一个黑白滤镜，在第一个关键帧位置，透明度调整为"100"，第二个关键帧位置透明度调整为"50"，第三个关键帧位置透明度调整为"0"。

视频播放的效果，就是从黑白逐渐变化成彩色的。关键帧是剪辑中非常重要的一个功能，能帮助我们把一个普通的视频剪辑成有独特风格的视频。

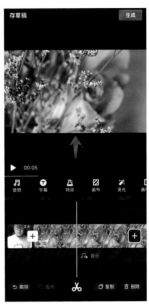

如何合理选择滤镜

为视频添加滤镜是比较快速的调色方法，滤镜是已经调好的最终效。滤镜会直接覆盖在原有视频上，从而改变视频风格。软件一般都会对滤镜进行分类，比如风格、人像、黑白、电影等。

所以，我们可以根据视频拍摄的题材，择相应的滤镜，这样成效会更好。但是在选择滤镜的时候，滤镜的数值不要选择100%，颜色过于夸张也会导致失真，可以选择50%~80%，并应根据实际效果调整。

确定滤镜之后，可以再微调参数，比如对比度、锐度、高光、阴影等数值。

至于调成什么样算是好看，这个取决于个人的审美标准。技术决定下限，审美决定上限。掌握了技术不代表能拍出好作品，所以平时要提高自己的阅片量，多看视频作品，去分析不同主题用了什么效果、色调。最简单的方式是从模仿开始，然后再去培养自己的风格。

第五章

Chapter Five 从策划到拍摄，不同场景应该如何拍

明星都在拍的
vlog到底是什么

什么是vlog

2018年，短视频开始盛行，很多人开始习惯于用短视频填充生活的碎片时间。随着用户对短视频的依赖，看短视频已经不能满足大家的需求了，所以很多人开始拍摄短视频。随着创作者的增加，短视频的形式也在不断丰富。2019年，vlog又开始盛行。vlog属于短视频吗？vlog又是什么？很多人并不知道vlog是什么意思。

vlog是video blog的缩写，video代表影像，blog代表日志，所以vlog可以简单理解为视频博客或者视频网络日记。视频作者用影像的方式，代替文字记录日常，并通过网络与人分享。

2006年10月，移动运营商意大利"3w"公司与Mobaila公司合作推出的创新性移动视频博客服务"MyVideoBlog"，已经在意大利成为一项成功的新应用。而与此同时，在互联网上，一种新兴的博客形式也开始逐渐取代以往传统的文字博客，并迅速受到网民们的热捧它便是视频博客vlog。

2012年，YouTube上出现了第一条vlog。如今，YouTube平台上每个小时就会诞生几千条vlog作品。凯西·奈斯泰德（Casey Neistat）是目前世界范围内影响较大的vlogger之一，他在YouTube上共有1200万粉丝（至到2020年4月）。在他的影响下，很多国内的明星、创作者开始尝试通过vlog的形式来分享自己的生活。vlog视频让我们看到了明星和普通人的另一面。

在微博上搜索vlog，就会看到很多明星都开始拍摄vlog了。很多网络平台都在大力扶持vlog相关内容，比如抖音、微博、一闪等平台，用奖金、流量、主题活动等方式来刺激用户产生vlog相关的内容。

在手机应用商店中搜索vlog，能看到越来越多的剪辑软件都给自己打上了vlog标签，因为短视频市场的竞争已经进入白热化，但是vlog却处于刚起步阶段。vlog不同于短视频，短视频的时长一般在1分钟以内，用短、平、快的方式记录一个场景、一个瞬间或者展示一个技巧。但是，vlog的内容都比较长，时长在5~15分钟，内容更完整，叙事性更强，同时对于策划、拍摄、剪辑的要求也更高。

现在拍vlog的人越来越多，但是国内大部分人拍的vlog，与国外的vlog相比还是有很大的差异的。国内很多人更喜欢炫技，通过各种运镜、转场、卡点的方式拍摄vlog，vlog时长也很短，并没有太多的实际内容。这也许是vlog本土化的一种风格，但我觉得这样的内容形式很难做出个人特色，比拼的仍谁的技术好。vlog更加强调内容故事性和个人特色，也许你拍摄的技术没有那么好，但是内容吸引人，依然能够获得用户的青睐，所以vlog的内容大于形式。技术是加分项，内容才是核心。

vlog的拍摄思路和流程

一个简单的vlog，就是日常生活的记录，内容不一定要很高大上，衣食住行、吃喝玩乐都可以，但是我们要设计好内容，做好脚本。如果用5分钟的时间，记录你3天旅行的内容，那就需要对内容进行提炼，找到亮点然后放大，流水账的内容可以用转场、加速等技巧快速通过。

比如以"我要去吃火锅"为主题拍摄一个vlog，你可以从出门就开始记录，梳妆打扮、路上的过程可以用快速的方式简单展示出来，视频的重点是放在吃火锅上，而且要加上你个人的特色。如果你是大胃王，就可以记录你吃的过程；如果你是美食达人，就要加入你对火锅的评价，或者记录吃火锅的过程中发生的有趣的事情。有些人把视频80%的时间都用在了记录准备、出门、路上的场景，最后只用了20%的时间展示吃火锅的内容，那视频就成了流水账，失去了重点和亮点。

如果vlog中有真人出镜会更容易树立个人品牌，强化个人形象，比如有的人颜值高，有的人口才好，有的人幽默搞笑，总之要把你的特点融入视频中，这样的视频才是独特的。如果纯依靠拍摄技术，你会拍的别人也会，无法形成自己的特色，就不容易被人记住。

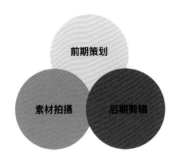

一个视频的形成由3部分组成：前期策划、素材拍摄、后期剪辑。很多人的习惯是，准备拍一个视频，拿起手机就开始拍，回来剪辑的时候发现这个内容素材不够，那个内容素材拍得不好，给后期剪辑增加了很多困难，所以剪辑出来的视频也会显得不够完整。

前期策划

可以说，拍摄一个视频的灵魂，就是前期策划。因为策划承载了你对所有画面的设想，当你有了明确的想法和拍摄主题，你才能知道拍什么、怎么拍。如果没有一个明确的主题，胡乱拍摄，最后的结果可能就是大部分视频素材用不上，想用的视频素材没有拍到。所以前期策划要确定一个明确的主题，要明确通过这个视频记录什么事情，然后确定大概的视频风格，比如严肃的、搞笑的还是唯美的。最后写出一个拍摄脚本，脚本就是剧本，你后面的拍摄剪辑都是根据脚本进行的。

当你有了清晰的主题,在拍摄视频的时候效率会更高,知道什么要拍,什么不用拍,剪辑的时候就不会面对大量的素材无从下手。拍摄和剪辑,只是把你的想法呈现的过程。

关于脚本,我们可以通过以下几个方面来撰写。

镜头	时长(秒)	形式	内容	旁白	备注
1	10	真人出镜口述: 介绍视频主题,吸引用户观看,采用中景景别拍摄,突出人物	大家好,我是卷毛佟,终于等来了难得的假期,今天带你去感受一下马尔代夫的海岛之旅		
2	10	拍摄空镜: 利用不同景别拍摄环境镜头,交代主角所处环境		经过10多个小时的飞行,从北京到吉隆坡再到马累,最后坐船登上了卡尼岛,一路颠簸,当看到眼前的碧海蓝天,一身疲惫都已消散	配乐
3	8	真人出镜口述: 采用远景拍摄,记录人物和环境,代入场景	我现在所在的就是马尔代夫的卡尼岛,接下来的5天,我期待在这里度过一个美好的假期		
4	15	拍摄空镜: 利用不同景别,拍摄岛上的风光,展示环境特色			配乐

当你有了这样的一个脚本,根据脚本一项一项地拍摄即可。

素材拍摄

在根据脚本拍摄素材的时候,可能会产生一些新的想法,或者遇到一些突发状况,比如环境不好,一些镜头拍不到,或者器材出现问题。这时可以临时在脚本上进行调整。同时每一部分内容要多拍一些备用素材,以备不时之需。比如要拍摄一个街头车水马龙的场景,可以在不同的街头拍摄不同效果的素材,后期剪辑的时候,选择性会多一点,也避免因某个素材拍摄的效果不好而影响整个视频的效果。

在拍摄素材的时候,尽量使用本书中前文讲到的各种拍摄技巧进行拍摄。拍摄思路就是"从大到小","大"是指大场景、大环境、大空间,比如户外场景、室内场景等;"中"代表着一些近景,比如人物、动物、小空间场景等;"小"代表细节、局部,比如要拍人,可以拍眼睛、表情等。不同的场景可以使用不同的景别进行拍摄,这样拍出的素材会更丰富,角度和深度会更多,视频也不至于因为一直是一个景别而显得单调。

如果拍摄的视频很多，都存放在手机里会占用大量内存，也会非常混乱。而用多部手机或者多种器材进行拍摄时，难免会遇到素材杂乱、不好查找的问题。对于素材的管理，建议准备一个移动硬盘，或者利用网盘进行管理，把每次拍摄的视频按照时间、主题进行整理，方便查找，也防止丢失。

2018年8月栾川	2018年稻城亚丁
2019年1月长春	2019年3月北戴河
2019年3月贵州荔波	2019年4月贵州西江
2019年6月桂林	2019年6月五大连池
2019年湖北恩施	3期视频训练营毕业作品

后期剪辑

在剪辑之前，需要对拍摄素材进行筛选，根据脚本选择相应的素材，并对素材进行一个简单的排序，再根据视频的风格选择几个背景音乐备选。做好了前期的准备，再将视频导入软件进行剪辑。在剪辑的过程中，即使素材拍得再多，也可能会遇到临时改变想法或者素材不够的情况，所以也要做好临时调整脚本的准备。如果已经无法补拍镜头了，这个时候脚本就要根据现有素材来进行修改。

如何用手机
拍好普通日常

日常类视频的特点

日常主题的视频类似于日记，vlog就是视频日志，但是普通人的日记会有人喜欢看吗？这是大部分人都会遇到的问题，就是把视频拍成自娱自乐的"碎碎念"。就像写日记和写文章的区别：日记随便写，写好写坏都无所谓，因为是给自己看的；但文章要公开发布，写文章时就要考虑读者，考虑读者的阅读感受。拍视频也是一样的，普通人的日常类视频最容易陷入"自嗨"的状态，自己拍得很开心，但视频内容都是生活的碎片，别人不关心你的生活，所以没有人喜欢看。这就是没有换位思考，没有考虑观众的需求。

既然要做传播，就要考虑到受众的感受，别人为什么要看你的视频？你的视频能给别人带来什么价值？价值包括很多种，比如快乐、欣赏、知识等。所以日常类视频拍摄之前一定要想好主题和价值点。

个人很难做到每个视频都很吸引人，这就需要在视频内容上下功夫的同时，还要不断地去打造自己的人设。互联网能够放大个人价值，很多人都成了"网红"，成了明星，但是这些人是有清晰的人设的，有自己的特点和风格。当用户开始追溯你这个人的时候，你的内容才会有更多的观众，大家也才会喜欢看你的日常"碎碎念"。

不同情景的拍摄思路

如果以日常为主题，拍摄的内容基本是衣食住行、工作、娱乐。对于不同的情景，都有哪些拍摄方法和技巧呢？

起床

起床洗漱是很多人拍摄视频的开场内容，记录一天的开始，这也是日常类视频常用的方法。那起床这个情景有哪些拍摄方法呢？

1. 拍人物。拍摄人物的时候，可以拍摄睡醒睁开眼睛的一

刻，揉揉眼睛，睁开眼睛，戴上眼镜（如果你是近视眼的话），拿起手机或者闹钟看看时间，掀开被子下床，穿衣服，洗漱等画面都可以。

这些场景都能表现起床这个场景。但是可能会有人问，自己起床怎么拍自己呢？其实这里需要"表演"，提前在窗边固定好机位开始拍摄，然后表演起床的这一系列动作，力求真实，这也是考验演技的时刻。

2. 拍环境。如果拍自己不方便或者自己不想出镜，可以拍摄能表现起床的环境。比如拍摄日出场景，或者拍摄闹钟响起的画面，或者拍摄拉开窗帘的动作，这些也能表现起床的内容。寻找生活中与起床相关的细节拍摄，也能够让视频更有特色，不至于出现太多雷同的内容。

吃饭

最简单的方式就是固定手机，对准餐桌拍摄吃饭的过程。如果只是为了记录吃饭这个过程，没有太多的细节要表达，可以使用延时摄影拍摄，快速记录。

如果要重点表达吃饭的细节，比如菜品的特色，吃出仪式感，就可以利用一些运镜技巧以及远近的变化，以菜品为主体拍摄一个片段。

走路

拍摄走路的场景时，可以双手拿着手机，向下拍摄自己行走中的双脚，这是一种常用的拍摄方式，也可以搭配慢动作拍摄，会让视频更有代入感。

还可以手持自拍杆，用自拍的方式拍摄走路过程，主要通过背后场景的变化表现走路的过程。或者把手机固定在一个位置，镜头对准要走过的路线开始拍摄，人物走入画面，这样会显得更加自然，也能让画面更丰富，记录了动态的人物和环境信息。

穿衣服

穿衣服是比较隐私的事情，所以不方便直接拍摄穿衣、换衣的过程。我们可以用一些技巧来避免尴尬，比如拍摄局部、拍摄手伸出袖口、系扣子的细节等。

利用一些遮挡转场的技巧也可以实现快速变装。在穿衣服的过程中，用衣服或者手来遮挡镜头，使画面黑屏，操作方法同第三章转场部分内容。

利用快速转场实现换衣。拍一个穿衣服之前的视频，把衣服盖在身上，暂停拍摄，注意人物在画面中的位置，再拍摄一段穿好衣服之后的场景，在后期剪辑的时候，在用衣服盖住身体那一刻直接接上后面穿好衣服的画面，能达到一种神奇的"魔术般"的换衣效果。

案例解析《一本签名书的诞生》

日常类视频要有一个主题，才能让别人知道你拍的是什么。我以去年我的第一本书《拿起手机，人人都是摄影师》上市前去印刷厂签字的一个视频为例，来给大家讲解一下日常类视频的拍摄技巧。

拍摄思路

1. 介绍视频主题，交代内容，让观众形成期待。

2. 按照时间轴，拍摄起床场景，包括日出、穿衣服、洗漱等场景，无须记录太多，这就是一个过渡阶段。配上音乐，加快节奏，时间自然从晚上过渡到白天。

3. 在路上穿插一些自我旁白的镜头，渐渐引入主题。可以用一个小的支架固定手机自拍或者以车的视角拍摄，能起到丰富画面的作用。

4. 简单拍摄环境信息，丰富内容，提高内容的真实性和代入感，特别是大部分观众没有见过的场景，需要展示出来，激发观众的好奇心。

5. 签字的过程很漫长，且内容单一，可以利用延时摄影，加快速度，让节奏更加紧凑，也可以使用多种角度拍摄，丰富画面。

6. 最后收尾，对本次视频记录的内容做个小总结，特别是表现出情绪、观点上的变化，能让观众产生共鸣，也可以让观众更加期待你的其他内容。

　　日常类视频整体还是以时间轴为主，根据时间的变化从前到后记录内容，但是要注意内容的可观赏性，无意义的内容要快速掠过，有价值的内容要重点展示，这样视频才能具有节奏变化。因为你需要在几分钟内展示几小时的内容，所以要注意观众的观赏体验。

旅行博主的
vlog拍摄技巧

旅行类视频的形式

短视频的发展，带动了旅游行业的进一步发展。原来的传播方式以图文为主，很多旅游博主、旅游爱好者通过很详细的图文介绍一个地方的衣食住行特色，但是阅读者却需要很长时间才能看完。我曾经写过几篇游记，字数最多的一篇有3万多字，这对于写作者和阅读者都有很大的压力。

短视频时代的到来，让这一切变得简单了。1分钟的视频就可以包含很多信息，有视觉的，有听觉的，还有博主主观感受的。所以用视频记录旅行，已经成为现在的一种主流方式。

旅行类视频常见有3种形式。

第一种是叙述类，内容偏记录，加入了创作者的主观感受，还原了所见所闻，需要创作者在这个过程中讲解，就像一个导游一样。这种视频的时长一般偏长，几分钟到十几分钟不等。

第二种是风光记录类，主要是展示当地的特色风光、美食、人文等场景，用画面和音乐结合展示旅行内容，这里面不会有创作者的旁白、主观感受等。而且这种类型的视频制作起来相对容易，比如用一系列的照片即可制作卡点视频。

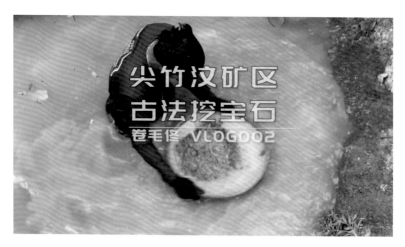

第三种是体验类，主要是展示创作者去参与一个活动的真实感受，比如品尝美食、挑战极限运动，或者去参与一些当地特色的文化活动。这类视频更有代入感和真实感，让人看完有身临其境的感觉或者有参与的冲动。

如何策划拍摄主题

前面我们讲过策划视频需要有主题，需要有脚本。因为一场旅行可能时间很长，短途1~3天，长途5~10天，甚至更长，所以如果没有一个清晰的策划，这一路拍下来的素材可能会非常多，又非常乱，给后期剪辑视频带来很多的困难。

如果要拍出有自己风格的视频，需要确定自己的视频风格以及个人特色。如果你是一个很了解历史的人，去一个地方旅行，可以用镜头带领大家去了解当地的历史特色景点、古迹、博物馆、风俗习惯等。如果你是一个很喜欢美食的人，可以通过镜头去记录当地的独特的饮食文化、探店攻略。如果你很喜欢摄影，可以用视频带领大家去看看你推荐的拍照打卡点。

因为视频时间有限，不可能用一个视频把全部行程都记录下来，所以要拆分成一些小的系列，使视频主题更加明确，也能更精准地吸引感兴趣的观众。所以在出发旅行之前，我们需要提前做一些功课，做好准备，才能知道去拍什么。

案例解析《烟雨桂林》

这段视频的内容定位是桂林旅游，目的是拍出有质感的照片，以及介绍桂林山水的特色。

视频时长为1分钟，拍摄时间为5天，因为去了很多地方，所以要提前做好准备，了解要去的地方都有什么特色，哪些内容要展示在视频中。视频要突出桂林山水，同时要根据我的手机摄影师定位，展示我的拍照技巧，并根据以上需求撰写脚本。

镜头	时长（秒）	形式	内容	旁白	备注
1	1	静态图片	视频封面	无	贯穿全视频纯音乐，无歌词
2	8	镜头快切	快速展示桂林主要景点	漓江、象鼻山、银子岩、天门山、龙脊梯田、七星岩。桂林山水甲天下，果然名不虚传	
3	3	空镜	下雨场景	虽然一直在下雨，但是我觉得烟雨漓江才是最美的	
4	10	真人出镜，录屏+照片切换	展示拍照过程和结果	下雨、阴天的场景特别适合拍摄黑白照片，能够拍出水墨画的风格	突出手机摄影师人设
5	5	空镜	山水场景	桂林的山与我去过的其他地方不同，这里的山不是雄险，而是清秀，山清水秀，烟波浩渺	
6	5	真人出镜，录屏+照片切换	展示拍照过程和结果	有水的地方不要错过，利用水面倒影拍摄对称构图	突出手机摄影师人设
7	5	真人出镜，录屏+照片切换	介绍场景+展示拍照过程和结果	如果画面中层次感很多，可以利用九宫格构图拍摄	突出手机摄影师人设
8	8	空镜	利用不同景别，拍摄细节场景，丰富画面。	桂林的风景，是我国的一张名片。桂林，是此生值得一去的地方	
9	3	真人出镜	用手机拍照动作	我是卷毛佟，下期vlog见	突出手机摄影师人设

拍摄思路

视频的开篇很重要，需要用简单直接的方式吸引观众观看，所以此视频开始便使用了地名罗列的方式介绍本次视频的大概内容。如果是去过这些地方的人或者当地人看到视频就会产生兴趣，所以拍摄的画面应是有代表性的场景或者地标性建筑，让人第一眼就能辨识。

因为本视频的主题是"烟雨桂林"，所以要突出跟雨相关的场景，我拍摄了游船玻璃上的雨滴以及山峰上雨后的云海。这些镜头都是空镜，空镜是指没有实际内容的镜头，主要起到过渡作用，比如此处的空镜就是为了过渡到接下来的水墨画风格的内容。

因为我的定位是手机摄影师，所以视频中一定要强化自己的人设，让别人知道你的身份。自媒体时代，做内容的目的是打造个人品牌，所以视频里需要不断强化你的身份。你可能不需要整个视频从头到尾都出镜，但是在和个人定位关联的场景里一定要出镜。

我们学过景别的概念。对于旅行类视频，我们不仅要拍摄自然风光，更需要加入与人文相关的内容。因为有人的元素，视频才会更有代入感，也会更有人情味，拉近视频与观众的心理距离，所以可以拍一些小场景，如有当地特色的场景。因为我去的时候赶上了当地的"晒红节"，虽然下雨了，但是节日依然很热闹。我拍了一些吹唢呐的人，以及家家户户晒红的场景，同时用近景拍摄了一些与雨水相关的场景，让视频前后主题呼应，画面更加丰富。

视频的最后要有一个收尾，最常用的方法是一句话自我介绍，让观众加深对你的印象，同时制造期待。

以上即是一个完整的旅行视频拍摄流程和创作思路。我们平时可以多看看别人的视频，去分析他们拍摄的思路，再应用在自己的身上，从模仿开始，然后再慢慢确定自己的风格。

如何为孩子
拍摄成长记录

为孩子拍摄成长记录最常见的问题

孩子的成长瞬间有太多的记录方式了，父母是孩子最好的摄影师。虽然父母也期待能为孩子拍出好看的作品，但是多数时候往事与愿违，或因为水平不够，拍不出来，或因为审美不好，不知道怎样才好看。

孩子天真可爱，每个父母都想把孩子每一个成长的瞬间记录下来。但是如果孩子很小，他不会老老实实地让你拍，也不会乖乖地听你安排。所以，父母永远是在"追着拍"孩子，导致孩子在镜头里总是跑来跑去，模糊、不清楚，或者很难抓拍到孩子真实、自然的表情和神态。

拍摄孩子的时候，常见有以下几种情况。

1. 人物太小，画面不聚焦。因为孩子天生爱动，特别是在户外场合，拍摄时父母很难跟上孩子，所以也很难控制孩子在画面中的比例，导致视频效果不佳。

2. 画面模糊。因为孩子爱动，所以如果父母不能很好地预判孩子的行为，镜头跟不上，从而导致画面晃动、效果模糊。

3. 角度问题。成人拍摄孩子多数都是以成人视角从上往下俯拍。前文讲过关于拍摄角度的相关内容，这会导致画面中的孩子只能看到头顶，看不到表情，也抓拍不到更丰富的动作。

如何策划有意义的视频主题

孩子的成长瞬间有很多，如果要用镜头来记录，每个作品最好能有一个清晰的主题，当很多素材放在一起的时候，才能知道孩子每个阶段在做什么。如果没有任何主题地把大量视频、照片放在一起，相信我们也没有再翻看回忆的乐趣了。

策划视频最重要的就是明确主题。主题可以按照类别来分类，比如生活、学习、娱乐、特殊事件等。这个主题可以很小，吃喝玩乐、衣食住行、学习、娱乐都可以；也可以是对于孩子来说，生命中很有意义的事情，比如"第一次"系列，用视频的方式记录孩子的各种第一次。这些主题都是反映孩子成长的，在他们的成长路上有着纪念意义。

主题就像文章的中心思想，整个视频就是要围绕着中心思想来拍摄的。我们确定了主题后，就可以围绕主题撰写简单的脚本，再去执行拍摄，让每个视频都是有意义的。

案例解析《画画的小女孩》

我们再来解析一个小视频，这个视频的拍摄环境就是一个普通的客厅，没有特殊的布置和道具，只有一个黑板和孩子画画的粉笔。拍摄的主题就是"画一幅粉笔画"。

拍摄之前很多人会漏掉一个环节，就是与孩子的沟通。家长要让孩子知道你要拍摄视频这件事情，尽量让孩子能够配合完成。而且在与孩子沟通的时候，家长要学会换位思考，要用孩子的视角和思维去沟通，以玩游戏的心态共同去完成这件事情，而不是单纯地让孩子配合你来完成一个任务。

家长和孩子达成共识之后，再考虑拍摄的问题。

首先考虑环境因素，这是一个客厅，因为家里有2个孩子，客厅会比较乱，所以决定采用近景景别为主进行拍摄。放大孩子在画面中的比例，能够屏蔽掉周围杂乱的环境，再配合一些画画的特写镜头，就能满足拍摄的需求。

通过近景景别进行拍摄，让孩子上半身入镜，屏蔽杂乱的室内环境，让画面聚焦在人物身上。通过左侧、右侧、背面3个角度拍摄孩子画画的过程。因为孩子面对画板，所以无法拍摄孩子的正面。

再通过特写景别拍摄孩子认真画画的表情、神态，刻画人物的特点。同时用特写景别拍摄手部画画的细节，强化视频的主题。

最后从正面拍摄一个成品展示，作为视频的结尾即可。因为视频的主题很简单，所以不需要太复杂的内容和形式，只是通过不同的角度、景别来记录画画的过程即可。

如何拍摄
产品开箱视频

短视频已经不仅仅是生活娱乐的一种形式了，很多企业也在尝试用短视频推广自己的品牌和产品。很多"带货"视频、"种草"视频，也都是通过短视频的方式展示产品的特点和特色，以达到推广、曝光产品的目的。

也许有人会问，那产品宣传短视频和电视里播放的广告有什么区别？其实最大的区别在于观众变了。电视里播放的广告，观众喜欢不喜欢，只能自己说一说，最多就是换台不看了，观众对于这个产品的观点，别人是听不到的。但是到了互联网时代，人人都可以发表自己的观点。如果你在短视频平台投放了一个传统的视频广告，观众不仅不喜欢，还会给你带来负面的评论，影响产品口碑。

观众不是拒绝广告，而是拒绝毫无创意、毫无特色的硬广，如果产品广告能够拍摄得有创意，依然会俘获很多观众的心。这也是现在"种草"视频会这么火的原因。"种草"视频就是通过视频的展示，介绍一款产品的体验感受，让观众看过之后，产生购买冲动。

产品宣传视频普遍有两种类型：体验测评类、产品展示类。

体验测评类视频拍摄思路

体验测评类视频，重点是介绍产品的使用过程、主观使用感受，包括产品的细节介绍，以第一视角带领大家去感受产品。拍摄这种视频，首先需要对产品有足够的了解，在体验的过程中尽量还原真实的感受，不能夸张效果，也不能只讲正面评价而忽略不足之处。

而且产品体验的对比结果很重要，比如对比手机的拍照效果、化妆品的上妆效果、衣服穿搭的效果。因为内容有对比、有反差，才能让视频更有吸引力。

体验测评类视频，最好能有一个真实的体验场景，而不是面对镜头罗列参数，因为这些信息网上都可以看到，买产品的时候也都能看到，所以观众想看到是这个产品到底值不值，实际功能与宣传的效果是否有差别。因此，真实的体验是这类视频的重点。而且最好选择能与用户产生关联的场景，这样视频才会更有代入感。

产品展示类视频拍摄思路

产品展示类视频拍摄起来更简单一点，主要的作用就是展示产品的特性、外观以及功能。这类视频突出的是观感、美观度，让视频看起来有档次，有视觉冲击力。因为产品展示类视频的目的，是在最短时间内展示出产品的特色，激发观众好奇心，所以视频的"颜值"很重要。

产品展示类视频的内容以产品为主，环境为辅。如果想利用环境衬托出产品的特色，最好选择一些生活化的场景来拍摄，可以加强代入感。比如拍摄一件职场女性西装，可以在商圈、步行街、写字楼、咖啡厅等场景展示，比较符合产品特点，也能让观众有更多美好的期待。

如果产品具有明确的功能性，也可以通过一些拍摄技巧，比如运镜或者慢动作、延时摄影等方式拍摄功能使用过程，让视频看起来更加丰富。比如拍摄茶具，不仅要展示茶具的外观，也要拍摄一些沏茶、倒茶的使用场景，增加视频的氛围。比如拍摄运动鞋，也要加入一些跑步、运动场景的特写镜头。

职场人需要
掌握的活动会议拍摄技巧

拍摄中常见的问题

短视频成了当下主流的传播形式，除了生活娱乐，很多工作场景也有短视频拍摄的需求，企业也开始通过短视频平台传播自己的企业品位、企业文化。对于工作中的场景，很多人拿起手机会无从下手，不知道从何拍起。很多人都会遇到如下问题。

1. 场景太杂乱，拍摄的画面很混乱。

2. 现场人太多，抓不到重点，想拍的内容很多，但是都缺少特色。

3. 突发事情太多，拍了这边顾不上那边。

4. 拍了大量素材，后期剪辑无从下手。

这些问题对于没有拍摄经验的人来说，确实经常遇到。其实无论拍什么，前期的策划都是第一位的。在工作场景中，培训、会议等活动，都会有活动流程。作为拍摄者，我们需要提前了解活动流程，然后制订拍摄的计划。根据计划表来拍摄，从容又不会遗漏重要信息。

活动现场拍摄清单

项目	内容	要求	数量	完成数
筹备	会场布置	记录工作流程、工作成果		
	彩排	突出认真准备活动		
	工作人员	记录工作人员辛苦工作		
活动前	签到处	记录参加活动人员入场场景，突出热闹氛围		
	现场人员	记录活动现场人员陆陆续续到场，可以高空拍摄大全景延时摄影		
	物料	拍摄活动物料、资料等细节，突出活动准备充分		
活动中	嘉宾个人	近距离拍摄重要嘉宾个人特写，多角度拍摄		
	观众个人	随时观察抓拍一些有趣的表情或者动作，记录场下观众的反映		
	全场	拍摄现场全景		
	细节	拍摄现场互动细节，丰富画面		
活动后	现场交流	抓拍交流场景，增加互动氛围		
	合影	拍摄人物合影、背景板合影		

如何拍好
脱口秀视频

短视频的发展，让更多普通人开始通过镜头来展示自我。能歌善舞、口才好、镜头感强的人，都开始通过短视频来打造个人品牌。短视频也让很多"草根"成了"网红"。

什么是脱口秀视频

"脱口秀"形式的短视频，是最为普遍的一种短视频形式，因为从拍摄的角度来说，它不需要复杂的拍摄技巧，只需要固定手机，人物找好位置，面对镜头展示才艺就可以了。这种才艺包括很多，比如唱歌跳舞，讲故事，讲幽默段子，分享干货知识或者介绍"种草"产品，总之形式就是一个人对着镜头在讲话。

对于这种形式的视频来说，内容大于形式，观众看的主要是你在镜头前的"秀"，这里并不体现拍摄技巧。所以录制视频前，要提前准备好你的内容，这才是关键。脱口秀视频由于时间短，一个视频时长为十几秒到几十秒不等，所以内容一定要精练，效果要达到短、平、快，用最短的时间把你要表达的内容"秀"出来。如是你是唱歌的，一般都只会唱高潮部分。如果你是分享干货知识技巧的，也要直接抛出干货内容，加快视频节奏，不能像讲课一样去录制短视频。

关于拍摄设备

1. 三脚架。这是必不可少的，因为人物是画面的核心，占比很大，镜头不稳、晃动会给视频带来负面的观赏体验。

2. 补光灯。如果拍摄环境光线不好，用手机拍摄时，经常会造成视频画质下降，人物的肤色效果也不理想。正面的补光灯能够提高拍摄环境亮度，改善画面质量。

3. 麦克风。如果拍摄环境比较安静，没有噪音干扰，可以不使用麦克风。但是如果拍摄环境噪音比较多，或者视频对于声音要求很高，就需要配备一个麦克风来保证收音的效果。

关于画面的构图

前文讲过一些拍摄构图的技巧，对于脱口秀视频，构图技巧很简单，使用中心构图即可。而且建议采用竖构图，因为视频所有的内容都来自镜头前的这个人，竖构图，可以让用户更沉浸于观看视频，不被环境等因素影响干扰。但要注意人物在画面中所占的比例。

如果视频要展示人物全身的肢体动作，无论是横屏拍摄还是竖屏拍摄，都要把人物全身拍完整。如果只是展示上肢手部动作，拍摄半身即可。

154

如果是讲述类的视频内容，无论横版还是竖版视频，采用中近景拍摄即可，画面截取到人物腰腹的位置。因为这种视频主要是人物进行讲述，以及展示表情、上肢动作，所以无须拍摄全身，而且人物离屏幕太远，说话声音会受到影响。

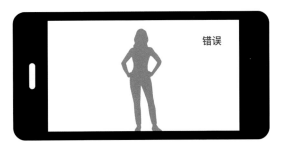

如果需要在视频中加入字幕，字幕位置可以选择屏幕下方1/3处，或者在屏幕上方留出1/3的空间，用于展示字幕或者其他内容。切记字幕不要挡住脸部，而且字幕也不要放在屏幕最下方，因为短视频平台下方会有文案、定位、购物车等信息，字幕容易重叠。

155

第六章 ⏐

Chapter Six 短视频运营技巧，从 小白到高手

短视频的
红利期过了吗

为什么人人都在玩短视频

2017年暑假，我身边一个10岁的孩子拿着手机，天天在家拍视频。我也发现在朋友圈有人开始分享一个叫抖音的软件。于是我下载了抖音App，刷了两天，觉得这太幼稚了，于是就卸载了。

2018年春节期间，我突然发现身边好像所有人都开始玩抖音了，同时从央视到地方卫视，各种火爆的综艺节目《中国有嘻哈》《明日之子》《快乐大本营》《天天向上》《王牌对王牌》也都被抖音冠名了，我觉得我好像落伍了，于是又下载了抖音。只过了半年的时间，我发现抖音的内容已经发生了很大的改变，内容很新潮、很酷。每天晚上睡前我都想着刷刷抖音就睡觉了，但是一刷就是两三个小时，时间不知不觉就过去了。

我在2018年3月，创建了抖音账号"卷毛佟"，开始分享手机摄影教程。随着抖音的盛行，我开始运营我的视频，运营1个月吸引了粉丝10万；运营2个月的时候，粉丝就涨到了220万；最火的2个视频，2天涨粉200万；运营到1年的时候，粉丝将近400万，成了抖音的"头部大V"。

短视频刚火的时候,有人来问我,"现在开始做短视频还来得及吗?红利期过没过?"我说,"当然没过了,现在越来越多人在玩短视频,正是爆发期,要进入就要快",但依然有人没有行动。等到2年后,现在还有人问我,"现在做短视频还来得及吗?"我回答说,"做短视频最好的时间有2个,一个是2年前,另一个是现在"。真正想做的早都开始了,到现在还没开始的,其实心里根本就不想做。

这些人还比较幸运,看到了行业发展的红利期,但是更多人是看不到红利期的,当发现这是个机会的时候,已经晚了。雷军说过一句经典的话"站在风口上猪也会飞",往往成大事者都会借势,让自己走得更快、更高。

红利期是指一个行业快速发展,很容易获得成功或很容易赚钱的一个时期。那短视频还在红利期吗?答案是肯定的。

短视频的发展不仅仅是技术上的进步,电子设备、手机、电脑、电视、网络带宽,包括5G时代的到来,让看短视频成为最日常的阅读行为。同时更重要的是,人们的需求推动着技术的发展。人们获取信息的方式一直在改变,从看文字到看图片,再到看视频,包括VR等虚拟技术,我们需要越来越真实的体验和感受,不仅要满足看,还要满足听,甚至要满足身临其境的感受。在信息爆炸的时代,我们获取信息的渠道越来越多,也越来越混杂,人的注意力在缩短,我们缺少了沉浸阅读的耐心,这也是短视频爆发的一个原因。几十秒的短视频可以满足观众看、听等多方面的需求,而且包含的信息量也会更大。短视频一定是未来传播的重要载体,所以红利期依然存在,只是玩法在不断地改变。

现在搜索短视频关键词，可以搜索出上百款相关的软件平台。2020年年初，微信推出了视频号，这是一种新的短视频社交平台，虽然还处于内测期，但是基于微信超过11亿用户的基础，一旦开放公测，又是一个全新的竞争市场。现阶段微信视频号还处于内测期，属于内部邀请开通。我在2020年4月1日开通了视频号，1个月的时间里发布了30个视频，获得1万粉丝关注，2个月获得1.8万粉丝关注，单个视频最高播放量达到了103万，多个视频播放量超过50万。

如何抓住机会，赶上短视频的风口

首先保持好奇心，机会往往来自新鲜事物，但新鲜事物初期是很难被人接受或者认可的，任何事物的成长发展都要经过一段被否定、被忽视的时期。对于早期进入的人来说，如果能坚持下来，找到适合的生存模式，那就很容易站在领先位置。我刚开始做抖音的时候，全网做手机摄影教程的账号还屈指可数，我在那个阶段大量生产作品，保持了足够的积累，这是爆发的前提条件。当短视频火了，手机摄影的需求也被放大了，也有很多人进来开始做手机摄影，虽然也有做得很好的，但是想做到头部账号，就需要付出更多的努力，难度也相对大了很多。因此，我们对于新鲜事物要敢于去尝试，保持好奇心，起码要有所了解。互联网时代，事物变化太快，一旦落后，追赶就很难了。

其次要放弃完美主义。我身边很多人都有做短视频的想法，但是90%的人都停留在想法阶段，因为不敢，因为害怕，因为犹豫不决，最终错过了最好的机会。他们的潜台词就是，我还没准备好，我如果失败了该怎么办。我对于完美主义的理解就是缺少自信，因为完美是没有标准的。开始往往比做好更难，只有你迈出第一步，才知道后面的路该怎么走。而且如果不去尝试，你也无法验证自己到底行不行，想抓住机会，就要有试错心态。

你知道
谁在看你的短视频吗

有一句话叫"知己知彼，百战不殆"。如果你是做英语教育的，客户人群是大学生，4年前你想吸引学生，肯定要把微信公众号弄好；2年前你想吸引他们，可能需要重点运营抖音账号；现在你想吸引他们，可能要去哔哩哔哩下功夫了。随着客户的变化，我们使用的平台也一直在发生变化。

很多个人和企业做短视频营销，在选择平台的时候，不仅要考虑自己的优势，还要考虑平台的用户，比如抖音平台的定位是更潮、更酷，这些非常符合年轻人的性格特点和他们的价值观。现在是竖屏时代，竖屏的特点是更适合做个人的自我展示。现在的年轻人都很乐于彰显自我、表达自我，那我们想要做抖音，一定要了解抖音的用户都是什么人，你的客户是否在抖音上。

如果你问你想影响老年人，要不要去运营抖音账号？我会回答可以做，但是效果不一定好，因为从数据来看老年人玩抖音的相对较少。

抖音用户都是一群什么人

我们看下面这张图，它是对抖音用户的画像描述。从性别看，抖音用户男女比例相近，区别不大。从年龄看，40岁及以下用户占81%，整体年龄偏年轻化。从城市分布看，三、四线城市用户比例最高，接50%，一线、新一线、二线城市用户共占比39%，用户分布也是偏向于大城市。

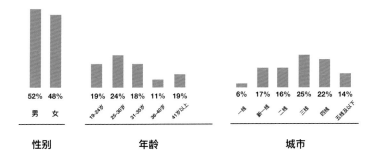

抖音用户都喜欢什么内容

短视频的内容才是最重要的，因为内容的好坏，直接决定账号的发展。所以在内容的选择上，我们也需要了解用户的喜好。

下图为2019年下半年抖音用户观看最多的内容的前十名。内容标签对于运营视频很重要，因为你的内容、文案都会被打上标签，从而被推荐到喜欢或者经常观看这类内容的用户首页，增加精准推荐。

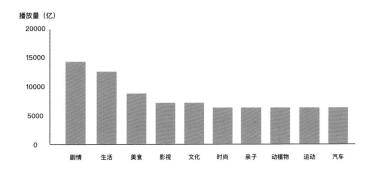

以下是3个维度的人群数据。对于一个用户，我们可以用很多维度的数据进行描述。

我们一般可以从3个维度来绘制精准的用户画像，分别是自然属性、社会属性、兴趣属性。

自然属性：一个人的基本状况，男性还是女性，老年人、中年人还是青少年，一般生活在大城市、小城市还是乡镇农村。

社会属性：展示的是一个人在社会上的身份背景，比如是学生还是职场人，在什么行业工作，工作岗位是什么，学历水平在什么阶段，喜欢什么样的社交方式等等。

兴趣属性：说明一个人的平时生活习惯、兴趣爱好，比如喜欢自己做饭，喜欢旅行，喜欢摄影，假期喜欢看剧、玩游戏，等等。

大概了解这些之后，你可以有针对性地选择一类人群，根据他们的特点去制作视频内容，这样会更加精准，视频被观看的概率也会更大。

举例：如果我是一个爱做饭的人，我希望通过短视频分享做饭的技巧。我在拍摄视频前，会想好我拍的视频是谁看的，希望先影响哪一个类型的人。

自然属性：生活在一、二线城市，30岁以下的女性白领。

社会属性：她们工作很忙，很少在家做饭，但是又追求健康的生活品质。

兴趣属性：平时喜欢做饭，但因时间紧，不会有太多的时间做饭。

现在针对这一人群制作相应的视频内容，定位在用最短的时间、最健康的食材搭配、最简单的方式制作营养早餐。

这样的内容更容易获得关注，因为制作美食的视频拥有一个很大的市场。虽然这个市场竞争对手多，很难打出个人品牌，但是现在成功的账号，往往是针对某个领域垂直细分的小众市场，细分领域更容易获得关注，粉丝黏性也会更强。而且早期进入细分领域，更容易占领市场、成为头部账号，也容易和同领域其他账号进行区分，形成独特的个人品牌特色。

为什么你的
账号没人关注

经常会有人问我：为什么我辛辛苦苦拍的视频，发出去没人看，没人关注？做了一段时间，就没有继续下去的积极性了，感觉所做的都是徒劳。其实很多人都会犯一个错误，就是从自己的角度出发考虑问题，并没有换位思考，从用户的角度思考他们需要什么，他们为什么要关注你的账号。

作为一个自媒体账号，想要获取粉丝关注最重要的就是具有价值点，即你的视频要给用户一个关注你的理由。短视频平台的用户获取的信息，基本都来自首页的系统推荐，当用户看到一个视频的时候，他对你的账号没有任何的认知，不了解，也不知道。所以，用户对你的了解完全是通过一个视频内容获得的，这是他的关注点。短视频平台中的粉丝关系属于弱关系，用户与你的账号的关系就像广场上擦肩而过的路人，如果你的穿搭很独特，长得很养眼，也许他会多看你几眼。所以在弱关系的环境里，你需要给用户一个明确的关注理由。

从用户角度来说，什么样的内容会吸引他？一定是对他有价值的内容。什么是价值？比如一个用户很喜欢做饭，平时也会研究一下健康饮食的搭配技巧。如果他看到一个短视频是教如何制作科学搭配营养餐的内容，那这个视频对他来说就有价值，因为视频内容能够满足他的需求。

我的账号是讲手机摄影技巧的，对于摄影爱好者来说，用手机拍出更好看的照片，让他们在分享自己照片的时候获得更多的点赞或者关注，这是对他们的价值。所以在制作视频的时候，你需要寻找一个跟用户相关的价值点，这是最直观的获取关注的条件。

账号价值都包括什么

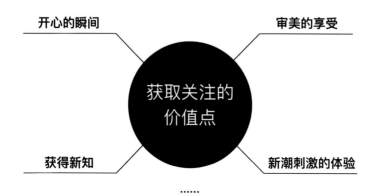

1. 开心的瞬间。用户在观看短视频的时候，第一诉求是娱乐、放松，所以在短视频平台上最受欢迎的内容中，娱乐搞笑类别是占比最大的。如果你的视频内容让用户感到开心，这是最直观的价值。而且，如果你的内容并不是生活中偶然的随手拍，而是精心设计的剧情或者搞笑的包袱，可能会吸引用户想去了解更多类似的内容。

2. 审美的享受。人们在生活中对于美的需求，永远都是存在的。在短视频中高"颜值"永远会得到更多的关注，但是我给颜值打上了引号，因为大多数人认为高颜值就是长得好看，但这样思考太过于狭隘。其实只要能为用户带来美的享受，都会获得更多的关注，比如美食、美景、萌娃、萌宠。只要你的内容让用户赏心悦目，有美的享受，这就是获取关注的价值。

3. 获得新知。用户在短视频平台上的主要需求是娱乐，但是随着短视频平台内容越来越丰富，越来越多样，而且用户也把大量时间花费在了短视频上，时间长了，用户的需求就会发生变化。用户的需求不仅仅是短暂的娱乐体验，也希望自己投入的时间能获得更多的回报，让自己有所成长，所以知识技能类的短视频也很受欢迎。用户在看短视频的同时，能够学习到新的知识，而且能够应用到自己的生活、工作、学习中，这会让短视频更有价值。而且知识技能类的短视频更有连续性，如果用户想了解学习某一个领域的知识，就会选择关注这个账号。

4. 新潮刺激的体验。抖音上有一句话叫"足不出户，可以游遍世界"。短视频内容涵盖领域多，很多用户能够通过视频去体验自己不敢或者自己无法去做的事情，比如一些极限运动，跳伞、蹦极等，或者体验一些高科技新鲜事物。短视频的曝光量大，传播速度快，可以让用户打开眼界，不至于落伍。因为信息的不对称，当代人都会有一种焦虑感，而新媒体让这种信息不对称的差距越来越小，所以这也是用户关注账号的一种价值。

对于单个视频来说，视频内容的价值点，可能并不足以获取用户的关注，因为信息爆炸时代，用户的注意力时间很短，仅仅通过一个短视频是无法快速打动一个人的。对于我们来说，能够持续地产出有同类型价值的内容，让用户在你这里可以获得长期价值，才是获取关注最重要的方式。

如果你的账号中有大量的同类型价值视频的积累，用户看到账号的内容，就会对账号有更多的信任感，以及产生在这里可以持续获取某种价值的感受。我的抖音账号"卷毛佟"里有300多个关于手机摄影的视频教程，而且我把视频分类整理，让用户可以连续学习新知识，为用户提供了一个关注的理由。在短视频平台吸引用户固然重要，但是留住用户更为重要。前文讲过短视频平台用户黏性低，用户关注、取消关注的成本都很低，为了能够获得用户长久的关注，仅仅靠内容是不行的，用户也会有审美疲劳的时候。

现在的自媒体时代，"人设"是获取用户持久关注的重要因素，因为仅靠内容吸引用户，总会有更多创意优质的内容出现，用户的注意力也会被吸引走，所以只有让用户喜欢上你的"人设"，才能获得持久的关注。

人设，是一个有特点的、鲜活的人物形象。比如现在在脑子里想一下抖音上让你印象深刻的一个账号，这个人能被你记住，一定拥有鲜明独特的性格或者明显的标签，这样可以让用户更容易记住，更容易识别。

如何包装人设

人设，或者说个人品牌，可以从多维度进行设计。

首先，最直观的是姓名介绍。当你向别人介绍自己的时候，最先说的就是姓名。一个名字能否被别人记住，需要具备几个关键因素，分别是易识别、易传播、易记忆。

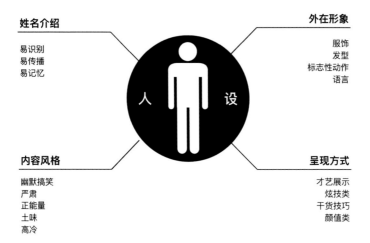

回想QQ时代，很多非主流用户喜欢用各种无法辨识的"火星文"当作自己的名字，本以为可以凸显个性，但是谁能把它读出来，谁又能记住？还好当时没有什么个人品牌的概念，大家也不需要打造个人品牌。但是10年过去了，现在依然会有人这样起微信名字，即使不需要做个人品牌，但是如果想在微信通讯录里找到这个人，根本搜不到。所以起一个好名字非常重要，起码让别人看到能读出来，不要用太难懂的生僻字。生僻字在你自己看来可能是很个性、很有文化，但是不易于识别和传播。现在是口碑传播的时代，可能你经常会给身边人介绍你看过的有趣的账号，如果这个账号的名字你念不出来，或者你说的时候别人经常听错，就不是一个好名字。

其次，是外在形象，也可以理解为账号形象。如果你的视频内容没有真人出镜，那么视频的格式、内容风格最好要一致，这样用户看到才会形成长期的记忆。如果视频没有固定风格，或者风格经常变换，用户就无法形成记忆点。

如果是真人出镜，可以在形象上做点文章，毕竟视频的信息更多是通过观看完成的，比如发型、服装、配饰等，形成视觉记忆，这在营销中被称为"视觉锤"。比如你在所有的出镜视频中都戴帽子，或者带一个有特点的眼镜，或者穿某一个风格的服装。我们以乔布斯为例，一提起乔布斯，你脑海中一定会闪过一个穿着黑衣服，牛仔裤，运动鞋，带着银框眼镜的人物形象。十年如一日，他始终以同样的形象出现在公众视野中，这就是个人品牌的一个视觉记忆点。

除了服饰，也可以设计一个独特的动作或者有地方特色的方言，这些都是打造个人品牌的加分项。

再次，是视频内容的风格，是幽默搞笑，是严肃严谨，是积极正能量，还是土味接地气。你的视频要有一个统一的风格，因为短视频时代，大家被各种信息"轰炸"，用户的注意力时间短时，记忆力也短，一两个视频没办法形成记忆，只有当你持续产出某类风格的视频时，才能在用户心中形成记忆。对你来说，这也是打造内容标签的方法，当用户提到你的视频，会自动给你贴上风格标签，所以寻你擅长的风格，并且持续产出同类风格的视频，有积累才便于识别。

最后，是视频内容的呈现方式，虽然都是视频，但是也有不同的呈现方式，比如1分钟以下的短视频，或者1分钟以上的长视频。视频内容的呈现方式也多种多样，比如单人脱口秀、多人剧情、图文配音或者是叙事类的vlog。用什么呈现方式，对内看自己擅长什么以及技术水平，包括内容策划、拍摄剪辑等，因为不同呈现方式的视频的制作难度是不同的；对外看用户喜好，比如早期抖音上有很多的图文类型的视频，但是现在很少看到了，图文类型的视频虽然制作难度低，但是相对单调、普通，影响阅读体验，所以用户在有更多选择的时候，就不会再看这种视频了。现在最受欢迎的视频，倾向于剧情类，但是其制作难度也更高。

爆款视频解析，
探索火爆背后的原因

我做过6年的市场营销，对于数据的关注度比较高。现在是大数据时代，虽然我们个人可能感知不到，但是当你做自媒体运营的时候，最关心的就是数据，比如阅读量、粉丝数。

那对于视频自媒体来说，新人应该关注哪些数据呢?

以抖音为例，无论你的粉丝有多少人，发出去的内容都会得到一定的推送，可能推荐给100~200人，然后平台会根据这个内容的用户反馈数据，来决定是否继续将其推送给更多的人。那可能有人说，我发出去的视频只有几个或者几十个播放量是怎么回事呢? 其实这里有一个概念。把你的视频推荐给100个人，这是推荐量，就是在这100个人的抖音推荐页面，他们能刷到你的视频。但是如果刷到你的视频的用户不感兴趣，没看你的视频，或者没看完你的视频就退出了，那这并不计算为有效播放量。比如只有10个人完整地看了你的视频，可能你在后台看到的播放量数据就是10，这就解释了为什么你的视频推荐给了很多人，但是播放量并不高。

前文提到了，平台会根据用户的反馈数据，决定是否继续推荐更多的流量。

新手运营短视频应该关注什么

1. 视频完播率，也就是你的视频被看完的比例。如果你的视频有15秒，用户看了两三秒就离开了，这种短时间的播放是不算作有效播放量的; 如果你的视频被推荐给了100个人，只有10个人看完了视频，那完播率就是10%。在数据很低的情况下，平台会判定用户不喜欢你的视频，你的视频就不会被推荐给更多人了，所以你会发现你的视频达到了一定的播放量就不再增加了。所以，视频开始的3秒钟的内容非常重要，要能吸引人、留住人，这样才能让用户把视频看完，提高视频完播率。

2. 点赞量。点赞量是最直观的数据，也是我们经常用来评判一个视频好坏的重要指标。而且抖音用户看完一个视频，如果喜欢，第一动作就是点赞，因为点赞是这么多年各种新媒体平台培养的用户习惯，无论是微信、微博还是短视频平台，点赞是最直观的用户反馈。如果用户不喜欢你的视频，他的第一反应是离开，继续刷其他的视频，这也是用户的习惯，所以抖音上很多人都在引导用户点赞。

3. 评论量。对于抖音来说，评论是非常重要的，有一句话叫"评论是抖音的灵魂"。很多人打开一个视频，会喜欢一直翻看评论，因为评论有的时候比视频更有趣。用户看评论的目的有几个：一是会看看其他用户对这个视频的舆论反馈是什么样的；二是如果有很搞笑的内容，用户会看看评论区有哪些"戏精""杠精"发表的"神评论"，因为有的时候评论比视频更精彩；三是如果视频内容不是特别明确，或者信息不完整，通过评论可以获得关于视频的一些补充信息。而且在看评论的时候，视频是会一直自动循环播放的，这对视频的完播率会有一定的好处。

4. 转发量。很多人可能不是很关注转发量，但是转发量决定了你的视频的传播路径有多长。如果用户喜欢你的视频，他想分享给自己的朋友，可以通过抖音私信、微信等方式把你的视频传播出去。在转发按钮中，还有下载、拍同款等多种功能。这些数据高，能证明你的视频内容与用户互动的质量高。如果用户看完没有进行操作，则说明你的视频内容互动性低。互动性高能提高粉丝的黏性，也能增加内容的传播，吸引更多用户关注和增加曝光。

5. 粉赞比。粉赞比是指粉丝总数和点赞总数的比。如果一个账号的粉丝有100万，点赞也有100万，就说明他的吸粉能力非常强；另外一个账号粉丝有100万，点赞有1000万，说明10个点赞的人中才会有一个人关注，这个比例就会比前一个低。

粉赞比高，说明你的账号粉丝关注转化率非常高，证明你的内容非常好，而且你整个账号的定位非常清晰，别人知道关注你能获得什么价值。如果粉赞比非常低，说明可能你某一个视频特别火，触动了粉丝的某个情绪点，所以很多人点赞，但是你的账号定位不清晰或者你的内容并不是都很吸引人，有些人就只点赞，不关注。还有另外一种情况，就是你的粉丝黏性特别大，这些人每天都来给你的视频点赞，所以你的点赞量特别高，但是这种情况出现得不多，除非是定位、性格标签特别鲜明，粉丝每天都等着更新。

数据可以通过网站和手机后台进行查询。

网站查询，登录抖音官方网站查询。

手机查询，登录抖音，在抖音后台进入"创作者服务中心"查询。

爆款视频案例解析

想运营好短视频，就需要学会收集数据、观察数据，并且知道如何分析数据。接下来我通过3个案例向大家分享一下不同数据的特点。

如何用手机拍3D照片

下图所示的这个视频是我运营抖音账号不到一个月的时候出现的爆款视频，也是我的账号出现的第一个爆款视频。这个视频的播放量为1800多万，点赞量为86.8万，评论数为2803，涨粉8万。

这个视频的点赞量很多，转发量也很多，但是涨粉并不多。我们从内容角度分析，这个视频很短，内容简单实用，在一个普通场景用一个小道具就能拍出效果出众的独特照片，这种拍摄思路打破了我们日常拍摄的常规思维，这就是内容的反差。从用户角度分析，手机摄影技巧操作门槛低，对于所有的摄影爱好者来说，都可以快速学习和应用，所以很多人会愿意把视频分享给身边人或者下载并保存视频至手机，而且很多人看完了视频，就会跟着视频进行实操，然后很多人会把自己拍摄的照片、视频发到网站上并且让我去点评。这样就能增加我和用户之间的互动，加强用户的黏性。

因为内容有创意，大家觉得眼前一亮，所以点赞量就很多，这是用户对你内容的认可最直观的反映；又因为内容简单实用，便于传播分享，所以转发量也很多。但是因为我刚开始运营抖音，所以账号里的视频数量积累不多，一共才20多个，而且视频内容缺少明确的账号定位，对用户来说缺少关注的引导和理由，所以涨粉8万，相比播放量和点赞量来说是比较低的。

170

如何用手机拍串串

下图所示的这个视频发布的时间，是抖音疯狂盛行的2018年。视频发布后，获得了2400万播放量，点赞量为44.4万，评论数为7681，12小时涨粉80万。

这个视频的数据中，相对比较多的是评论数和涨粉数。因为评论区很火热，所以也带动了视频整体数据的增长。从内容角度分析，吃饭拍照这个内容非常场景化，场景化的内容更容易获得关注，因为这样的场景大家都会遇到，非常熟悉，很容易产生代入感。而且视频中的拍摄方法带大家打破了常规的拍摄思维，尝试不同的拍摄视角。从用户角度分析，视频中存在"吐槽点"，也正是因为这个吐槽点，用户开始加入"评论大军"。评论槽点是因为拍摄的角度问题，让串串签有一种要穿过屏幕的感觉，所以很多评论的内容就是"你是第一个想隔着屏幕戳瞎我眼睛的人"，然后就引起了很多人的跟风模仿。抖音的评论如果很精彩或者很搞笑，也可以使视频获得很多的点赞，我曾经评论别人视频的内容，最高被点赞超过10万。

如何给妈妈拍照

母亲节的时候，我发布了一个如何给妈妈拍照的视频教程，该视频点赞量为107万，评论数为4700，12小时涨粉120万。

这个视频发布的时间是母亲节前两天，刚好赶上了节日热点。做媒体最重要的就是抓热点，因为热点自带流量和曝光，也更容易触动人情绪上的反应。我看到的点赞量很高的视频，都是会给用户带来一些情绪反应的，比如开心、愤怒、悲伤等。从内容角度分析，这个视频依然有很实用的干货摄影技巧，而且利用身边的一片树叶就能拍出别具一格的人像照片，用户会觉得很有创意和新意。从用户角度分析，他们在视频中获得了价值，并且结合热点事件，启发了他们对妈妈的思念，所以会获得更多的点赞。

这个视频的点赞量很高，涨粉也很多。相比第一个爆款视频，点赞量都是百万左右，但是第一个视频涨粉8万，这一个视频涨粉120万，包括涨粉80万的第二个视频，如果大家仔细看，可能会看到一个差别。第一个视频里我并没有说任何的话，后两个视频的结尾我都说了一句"如果你喜欢手机摄影，欢迎关注我"。正是这句话让我涨粉很多，因为它有明确的指引作用。

短视频的时间都很短，用户并没有太多的思考时间，其默认的行为就是点赞和离开。如果在这个时间段里，你给用户一个清晰的指令，多数人会不假思索地跟随操作，所以有效的引导对账号运营是有很大帮助的。比如："如果你喜欢，快快分享给×××吧。""对于这个事情，你有什么看法，欢迎评论。""老铁，双击666。"

短视频
变现的思考

短视频真的很赚钱吗

短视频的火爆，推动了一些相关行业的快速发展，也让普通人有了展示的舞台，很多人一夜爆红，更是催生了一些年入百万、年入千万的"网红"达人。同时，5G网络的发展，移动互联网时代工作性质的变化，让更多人想进入短视频领域，大部分人觉得这里赚钱快、赚钱多。但现实往往不是大家看到的样子，只有在某个领域做得好的头部账号，才是能真正赚到钱的，大部分的账号是没有变现能力的，或者说能快速变现，但是不能持久变现。

对于变现，最简单的理解就是用你的价值换取别人的金钱，在任何领域都是同样的道理。如果你希望通过短视频来实现变现，那么要看看你的视频内容对用户是否有价值，你这个人是否会得到用户的喜欢和追捧。

短视频变现的5种形式

在短视频领域，常见的变现形式有5种，分别是广告、带货、直播、培训、到店。

1. 广告。广告是最常见的短视频变现方式，就是通过短视频为产品做宣传推广，商家会寻找短视频达人洽谈广告投放。根据粉丝数、播放量等数据，短视频达人可以自己定广告价格。价格没有固定的标准，但是根据经验预估报价大约是粉丝数的百分之一。短视频达人可以根据同级别水平账号的报价进行参考。比如抖音的头部账号，上千万粉丝的账号，一个视频广告的报价能达到几十万元，百万粉丝的账号，一个视频广告的报价在几万元。账号首先要有粉丝、有流量，这样才能接到广告，这也是广告主参考账号价值的一个重要的标准。除了付费广告，还有一种是资源置换，即广告主不支付广告费，而是用产品置换广告，广告主会赠送你需要做推广的产品，短视频达人制作发布相关视频。短视频达人也可以在一些第三方平台去寻找广告，比如新榜。

2. 带货。短视频带货是这两年非常火的变现形式，从短视频平台到网络上的媒体以及短视频达人，都在关注带货。这是一种不太要求粉丝量的变现方式，因为短视频平台的推荐机制是内容推荐机制，与你的粉丝量多少并没有直接的关系。如果内容好，即使账号没有多少粉丝，视频依然有成为爆款的机会，那么在视频中添加购物链接，就可以获得更多的曝光，从而带来转化。在抖音上发布10个视频，就可以开通购物车功能，降低了视频带货的门槛。不过如果想提高销售转化率，不是随便发布视频都可以的，视频内容需要与产品有关联性，如果没有关联性，平台会下架商品，视频内容如果过分夸大产品特点，虚假宣传，也会受到商品下架的处分。所以"带货"视频要把握好视频内容与产品的关联性，也要控制宣传力度。拍摄"带货"视频也不是一件容易的事情。

3. 直播。2020年最火的无疑就是直播了。直播这个事情本身并不新鲜，但是直播一直话题不断，平台也在大力推广直播，给予了直播很多资源的支持。主播可以通过粉丝打赏获得高额收入，现在也可以通过直播的方式带货，获得佣金。但是直播不同于拍摄短视频，很多人在开通直播后，不知道要干什么，也不知道要讲什么。毕竟大部分人是缺少当众讲话的能力的，所以直播也并不适合所有人。如果你有才艺，如唱歌跳舞，讲段子，讲故事，确实可以吸引一些人的眼球，或者通过直播讲课做一些分享，让粉丝学到知识。但是也有个别案例，抖音上有一个人，曾在直播的过程中睡着了，一晚上的时间获得打赏几十万，这个事情也冲上了热门话题，但是并不排除有炒作的可能。如果要通过直播带货获得更高的收益，我认为有两点很重要。一是产品有价格优势，因为产品如果没有价格优势，粉丝对你又没有忠诚度，那为什

174

么要在你的直播间买东西呢？二是个人魅力，如果你的粉丝基础良好，忠诚度高，大家认可的是你这个人，所以你推荐的产品也会得到更多的关注。比如我是手机摄影师，经常会有人来问我买什么手机比较好，我直播的时候推荐大家购买手机摄影相关的产品，就会得到大家的认可，毕竟我在这个领域有一定的影响。

4. 培训。线上教育转线下，线下教育转线上，教育的形式一直离不开线上和线下。很多个人或者机构会把短视频平台作为引流的平台，通过持续发布相关内容，获得目标人群的关注，通过短视频引流到其他平台或者线下开展各种学习培训。这也是我个人常用的一种方式，我通过短视频分享手机摄影、手机拍视频的技巧，然后吸引感兴趣的粉丝关注，如果粉丝想系统学习，可以来参加我的线上或者线下课程。毕竟短视频的知识是碎片化的，而系统培训能够让人得到更快的提升，获得更有针对性的辅导。同时也会有很多个人或者机构在短视频平台获得了一定的成果后，开始通过课程的方式教授短视频运营的课程，教"小白"或者短视频从业者如何更好地运营短视频，如何在短视频平台获得更多的目标客户。

5. 到店。线上线下相互引流能够形成一个完整的影响闭环，到店适合于有实体店铺或者景区等的账号。比如餐饮行业，可以通过美食相关内容的短视频提高曝光度，在视频的下方添加定位，让用户知道视频拍摄地点或者这个餐厅的位置，从而吸引目标用户线下到店。景区也可以使用同样的方法，发布景区短视频，定位景区，也可以通过添加话题、开展活动、发放优惠券等方式吸引游客。经常有人唱衰线下，觉得线上可以满足用户的一切需求，但是线上线下一直是相辅相成、互相支持的。比如我在短视频上看到了一个介绍汽车的视频，定位是4S店，我被"种草"后，特别想买这款汽车，但是汽车不是快消品无法冲动消费，所以我一定会先去线下店体验。或者我要去一个城市旅游，了解到当地有一个"网红"餐厅，我也得去到店里就餐，线上只是获取信息的一个渠道。线下店也可以鼓励到店的客户分享定位短视频，借助用户做口碑传播。我曾经看到一个景区做活动，只要在景区发布相关的视频，就可以减免30元的门票。

变现的方式还有很多，但是对于我们来说，常见的而且相对成熟的方式就是以上几种，至于哪种适合自己，要去尝试体验，先评估自己的优劣势再决定用什么方式变现。找到适合自己的变现方式后，要深耕细作，效果才会更好。

短视频平台这么多，到底用哪个

这里要分享一个运营的思维——矩阵思维。

视频类

抖音
微博
微信视频号
火山小视频
西瓜视频
小红书
哔哩哔哩
……

图文类

微信公众号
头条号
微博
百家号
企鹅号
……

在线课程

小鹅通
微信公众号
千聊
微信社群
……

矩阵有两种形式。一种是在同一个平台大量创建账号，各个账号之间频繁互动，互相引流，这是很早就出现的形式。但是它更加适合机构，因为需要大量的运营成本以及内容产出。对于个人来说，可以打造多平台矩阵，就是选择多个平台发布个人生产的内容，一个内容可以在多个平台发布或者变化不同的形式发布，从而创造更大的变现价值。

以我的"卷毛佟"账号为例，我是个人自媒体，并不是机构或者公司，所以产出能力有限，在有限的资源下要尽量把资源最大化。所以，我选择的自媒体平台有抖音、微信视频号、微信公众号、头条号、小红书、微博、哔哩哔哩等。这些平台都可以发布图文、视频等内容。如果要产出一个视频，我可以制作成1分钟以上的版本，发布在哔哩哔哩、头条号、微信公众号等平台；同时再制作一个1分钟以下的短版本，发布在抖音、微信视频号、小红书等平台；还可以把视频的内容通过图文的形式发布在微信公众号中。

虽然现在短视频很火，但是并不是所有人都喜欢短视频的，或者大家选择不同形式的内容时需求也不同。短视频很短，可以了解的信息有限，如果想了解更多的内容，可以选择看文章、看长视频，所以矩阵的目的就是可以多平台曝光以及满足不同人的不同需求。